ROHINI B. S
KAVYASHREE D

Síntese verde de $CeO_2:Cr^{3+}$ e $ZrO_2:Fe^{3+}$ Estudos estruturais e de PL

ROHINI B. S
KAVYASHREE D

Síntese verde de $CeO_2:Cr^{3+}$ e $ZrO_2:Fe^{3+}$ Estudos estruturais e de PL

ScienciaScripts

Imprint
Any brand names and product names mentioned in this book are subject to trademark, brand or patent protection and are trademarks or registered trademarks of their respective holders. The use of brand names, product names, common names, trade names, product descriptions etc. even without a particular marking in this work is in no way to be construed to mean that such names may be regarded as unrestricted in respect of trademark and brand protection legislation and could thus be used by anyone.

Cover image: www.ingimage.com

This book is a translation from the original published under ISBN 978-620-7-46872-0.

Publisher:
Sciencia Scripts
is a trademark of
Dodo Books Indian Ocean Ltd. and OmniScriptum S.R.L publishing group

120 High Road, East Finchley, London, N2 9ED, United Kingdom
Str. Armeneasca 28/1, office 1, Chisinau MD-2012, Republic of Moldova, Europe
Printed at: see last page
ISBN: 978-620-7-95165-9

Conteúdo

Capítulo 1

Estruturas hierárquicas auto-montadas de CeO_2:Cr^{3+} produzidas por síntese sonoquímica com assistência ultra-sónica e suas utilizações forenses

1.1 Introdução

Recentemente, o material nanocristalino de dióxido de cério (CeO_2) suscitou numerosos interesses devido à sua estrutura do tipo fluorite, à sua notável natureza redox e à sua grande capacidade de armazenamento e libertação de oxigénio (OSC) através da mudança superficial entre o estado Ce^4 + e o estado de oxidação Ce^3 + [1-3]. O material CeO2 tem uma vasta gama de aplicações, incluindo catalisadores, células solares, filtros bloqueadores de ultravioleta (UV), sensores de gás, etc. [4-7]. [4-7]. No CeO_2 nanocristalino, as vacâncias de oxigénio conduzem à condução de oxigénio. O controlo da morfologia e da dimensão dos cristais sobre as propriedades da céria tem uma importância considerável devido às reacções nos limites dos grãos e à depleção significativa de portadores em nanossistemas anisotrópicos, que podem alterar eficazmente a natureza redox/transporte. A natureza não estequiométrica do CeO2 foi mais proeminente na forma nanocristalina devido ao aumento da sua relação superfície/volume, o que resulta numa diminuição do tamanho dos cristais que leva à redução da energia de formação das vacâncias de oxigénio [8]. Como resultado, a variação da densidade eletrónica devida aos electrões residuais reside num estado de energia de electrões 4f dos iões de cério rodeados por uma nova vaga e reduz os iões Ce^{4+} para o estado Ce^{3+} . Estes electrões adicionados ocupam os sítios dos iões de cério que são os primeiros ou segundos vizinhos mais próximos dos sítios vagos [9, 10], sendo também possível que alguns electrões se localizem nas vacâncias de oxigénio.

Normalmente, os iões de crómio eram frequentemente escolhidos como impurezas, uma vez que apresentam estados de oxidação +1, +3, +4 e +6, sendo os iões Cr^{3+} considerados como o estado de oxidação mais estável, que pode ser amplamente utilizado como um ativador pouco dispendioso para melhorar as propriedades luminescentes [11]. A literatura documenta uma quantidade significativa de trabalhos sobre o fabrico de óxidos de fósforo por via química húmida [12, 13]. Não há relatos disponíveis para a síntese de estruturas hierárquicas de óxido metálico por método sonoquímico assistido por ultrassom fácil. Num método sonoquímico podem ocorrer três eventos importantes, nomeadamente, a formação de cavidades acústicas, resultando na formação de bolhas à superfície e no colapso impulsivo destas bolhas na solução. Estes factores de excitação são responsáveis pela formação de diferentes arquitecturas dos nanomateriais. A distribuição do tamanho, a forma e o tamanho dos nanopós podem ser ajustados através da variação de diferentes condições experimentais no método sonoquímico, nomeadamente, a concentração de surfactante, o tempo de sonicação, o valor do pH da solução precursora, etc. [14]. Recentemente, os bio-surfactantes (extractos de folhas/raízes/látex/sementes) têm sido amplamente utilizados na síntese de nanomateriais, uma vez que são ecológicos, rentáveis, rápidos e permitem a produção de grandes quantidades de nanofósforo, alterando sistematicamente o precursor [15]. Além disso, o método oferece numerosas vantagens, como o facto de ser amigo do ambiente. Além disso, a vantagem adicional da utilização de bio-surfactantes para a síntese de nanomateriais é que estes servem não só como agente redutor, mas também actuam como agentes de cobertura [16, 17].

A semente de C.A. contém muita proteína e fibra dietética e, por isso, era usada para tratar várias doenças como abortivo, tónico capilar, útil em dores de frio, etc. As sementes eram úteis em condições viciadas de pitta, bronquite, inflamações e doenças de pele. Além disso, as sementes contêm vários componentes, nomeadamente proteínas (20-23 %), hidratos de carbono (41,1 - 47,42 %), fibra (6 % de fibra bruta), minerais (fósforo, cálcio, magnésio, ferro e zinco), β-caroteno, etc. [18]. As isoflavonas são os principais componentes bioactivos das sementes de grão-de-bico germinadas. Ganharam uma importância considerável devido às suas diversas e amplas actividades biológicas, incluindo propriedades anti-oxidantes, estrogénicas, insecticidas, piscicidas, antifúngicas, antimicrobianas e contraceptivas. A presença destas isoflavonas no extrato de sementes, em particular a calicosina, ajuda a obter nanopartículas estruturadas [19].

Normalmente, a pele magra dos dedos humanos consiste num padrão cutâneo complicado e bem caracterizado devido a cristas papilares elevadas e sulcos miseráveis na pele [20]. Estes padrões dc cristas diferem não só de pessoa para pessoa, mas também de dedo para dedo. Quando o dedo entra em contacto com superfícies, os constituintes dos dedos, como o suor, substâncias oleosas, etc., derivados das glândulas écrinas e sebáceas, são transferidos e depositados na superfície, levando à formação de uma impressão digital [21]. Devido às suas propriedades únicas, imutáveis e complexas, as impressões digitais são consideradas um instrumento importante na ciência forense, na elaboração de documentos de identidade, no controlo do acesso a algumas regiões/edifícios especiais e na entrada de fronteiras na imigração. Além disso, a investigação das impressões digitais num local de crime é considerada uma prova sólida para a identificação de indivíduos no departamento forense [22].

Durante a investigação do local do crime, são normalmente observados três tipos diferentes de impressões digitais: impressões digitais de impressão, impressões digitais patentes e impressões digitais latentes. Entre estas, as impressões digitais latentes (LFPs) são as mais comuns nos locais de crime e são invisíveis ao olho humano [23]. Por conseguinte, para as tornar visíveis, têm sido utilizadas várias técnicas, incluindo processos ópticos, físicos e químicos. No entanto, muitos investigadores fizeram várias tentativas para visualizar os LFP que ajudarão nas investigações forenses avançadas e para aumentar a taxa de sucesso. Entre eles, a pulverização de pó, a fumigação com cianoacrilato, o método da ninidrina, o método da 1,8-Diazafluoren-9-ona, o método do nitrato de prata e o método do reagente de pequenas partículas são os métodos mais utilizados devido à simplicidade do procedimento experimental, à sua eficácia e à sua sensibilidade. No entanto, estes métodos de visualização por convecção têm vários inconvenientes, nomeadamente baixo contraste, menor seletividade e elevada toxicidade [24]. Para ultrapassar estes problemas, os pós de marcação fluorescente são considerados os agentes mais eficientes e significativos para visualizar LFPs em superfícies porosas e não porosas, devido às suas propriedades ópticas e químicas distintas [25]. Estes pós de marcação apresentam várias vantagens, nomeadamente uma menor dimensão dos cristais, uma estabilidade fotoquímica excecional, uma propriedade de luminescência melhorada, variações morfológicas e uma natureza pouco tóxica [26].

No nosso presente trabalho, relatamos pela primeira vez uma via fácil e eficiente para fabricar nanofósforo $CeO_2:Cr^{3+}$ (1- 11 mol %) com estrutura hierárquica por método sonoquímico assistido por ultra-sons, utilizando o extrato de sementes de C.A. como surfactante. A variação da concentração de vacâncias de oxigénio e das espécies activas de oxigénio no cristal foi devida a alterações na concentração do ião dopante Cr^{3+} e é amplamente estudada. Foi estabelecida a aplicação do nanofósforo optimizado $CeO_2:Cr^{3+}$ (9 mol %) preparado para a visualização de LFPs em várias superfícies porosas e não porosas.

1.1 *A. Cicer arietinum*

As sementes de *C.A.* foram adquiridas no mercado local de Tumkur, Karnataka. As sementes adquiridas foram cuidadosamente lavadas com água bidestilada e mantidas a secar à temperatura ambiente (RT). Utilizando um misturador esterilizado, as sementes foram trituradas até formarem um pó fino e armazenadas num recipiente hermético. O pó *de C.A.* (10 g) foi misturado com 100 ml de água duplamente destilada e misturado cuidadosamente com um agitador magnético até a solução aquosa passar de preto a castanho-amarelado claro. Em seguida, o extrato resultante foi arrefecido, filtrado e utilizado para outras experiências.

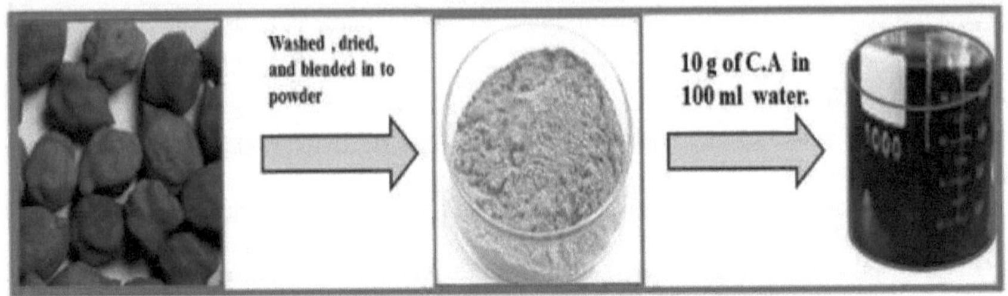

Fig 1.1A Representação esquemática para mostrar as várias etapas envolvidas na extração *Cicer*

arietina

1.2 Resultados e discussões

1.2.1. Difração de raios X em pó (PXRD)

O perfil PXRD do nanofósforo puro e do CeO_2:Cr^{3+} (1- 11 mol %) é apresentado na Fig.1.1(a). Todos os picos difractados estavam bem indexados à fase cúbica da céria com o grupo espacial Fm-3m (225) e estavam de acordo com o cartão JCPDS padrão (No. 34-0394) [27]. Os picos difractados nítidos e intensos das amostras preparadas implicam uma elevada cristalinidade. As intensidades dos picos correspondentes aos planos cristalinos (111), (200), (220), (311) e (222) para todas as amostras não apresentam grandes diferenças, o que indica que não existe uma orientação preferida ou um crescimento cristalino orientado. O pico de maior intensidade (111) foi deslocado para o lado de menor ângulo à medida que a concentração de dopante aumenta devido à substituição de iões dopantes Cr^{3+} no hospedeiro, o que leva à expansão da rede cristalina. A partir da Fig.1.1 (a), é evidente que a substituição de iões dopantes (Cr^{3+}) na rede do hospedeiro não manipula a estrutura cristalina, mas altera os seus parâmetros de rede devido à incompatibilidade dos raios iónicos [28, 29]. O tamanho médio dos cristalitos (D) do CeO_2: Cr^{3+} (1-11 mol %) foi estimado utilizando a relação de Debye-Scherrer [30]:

$$D = 0.9\lambda / \beta\cos\theta \qquad (1.1)$$

onde λ ; comprimento de onda dos raios X, β ; a largura total a meio máximo (FWHM) e θ ; o ângulo de difração. O tamanho médio dos cristalitos do nanofósforo $Y_2O_3:Tm^{3+}$ (1-11 mol %) foi estimado e listado na Tabela 1.1. A FWHM de um pico a ~ 28,2° foi aumentada com o aumento da concentração de iões Cr^{3+} e foi principalmente atribuída à micro-deformação presente nas amostras. Para estimar o tamanho médio dos cristalitos, bem como a micro-deformação presente nas amostras preparadas, foi utilizado o método de ajuste de Williamson - Hall (W - H) [31]:

$$\beta \cos\theta = \varepsilon (4 \sin\theta) + \frac{\lambda}{D} \qquad (1.2)$$

onde β; FWHM em radianos, ε ; a deformação, *D*; o tamanho do cristalito e θ; o ângulo de difração de Bragg. O tamanho médio dos cristalitos e a micro-deformação presentes no produto foram estimados e tabulados na Tabela 1.1. Os gráficos W-H foram mostrados na Fig. 1.1 (b). O valor reduzido do tamanho dos cristalitos com o aumento do teor de Cr^{3+} deveu-se a vagas de oxigénio devido ao raio compacto dos iões Cr^{3+} (0,52 Ä) em comparação com Ce^{4+} (1,034 Â) [32, 33].

A diferença percentual aceitável (D_r) entre os iões dopantes e o hospedeiro foi estimada para conhecer a substituição efectiva dos iões Cr^{3+} no sítio de simetria Ce^{4+} utilizando a seguinte relação [34]:

$$D_r = \frac{R_m - R_d}{R_m} \qquad (1.3)$$

onde R_m; raios do material hospedeiro ($R_{Ce^{4+}}$ = 1,034 Â) e R_d; e raios do ião dopante ($R_{Cr^{3+}}$ = 0,52 Â). O valor calculado de D_r foi de ~ 19%. Isto estabelece que os iões dopantes Cr^{3+} foram efetivamente substituídos no sítio de simetria Ce^{4+} . No entanto, a maior diferença de raio iónico entre o ião Cr^{3+} e o Ce^{4+} causa uma contração da estrutura do hospedeiro, o que leva a uma maior proporção na composição [35].

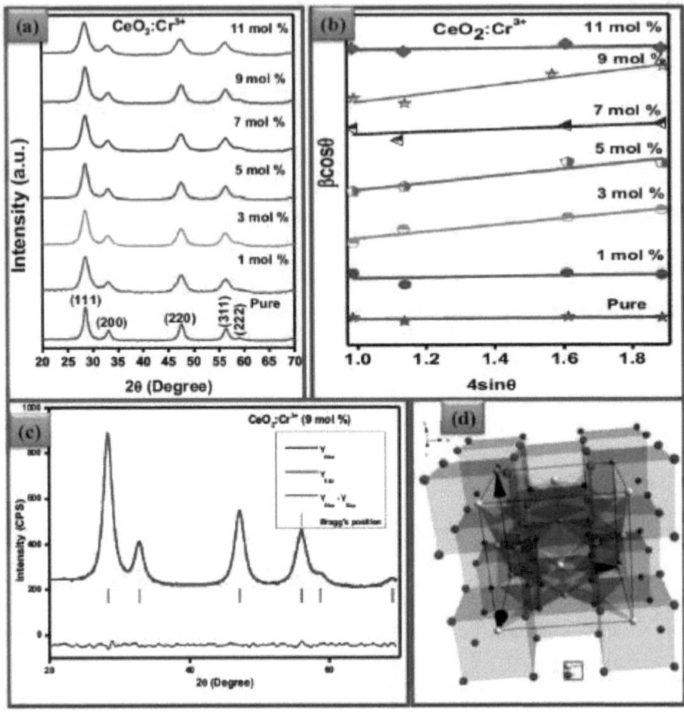

Fig.1.1. (a) Padrões PXRD, (b) gráficos W-H, (c) refinamento Rietveld e (d) diagrama de empacotamento de CeO2: Cr^{3+} (9 mol %) NP.

Tabela 1.1.1 Estimativa do tamanho médio dos cristalitos, da deformação, do intervalo de energia e das vagas de oxigénio das NPs CeO2:Cr^{3+} (1- 11 mol %).

CeO2:Cr^{3+} (mol %)	**Tamanho do cristalito (nm)**		**Tensão (x 10-4)**	**Eg(eV)**	**Área de lacunas de oxigénio/área F2g (%)**
	[de Scherrer abordagem]	**[Gráficos W-H]**			
1	10	9	1.5	3.5	7.2
3	10	9	1.6	3.53	11
5	9	8	1.2	3.51	11.5
7	8	8	1.3	3.44	11.9
9	7	7	1.6	3.41	12.1

11	6	5	1.8	3.61	10.2

A estrutura cúbica de fluorite das amostras preparadas foi confirmada através do refinamento estrutural de Rietveld, utilizando o *programa Fullprof suit*, como se mostra na Fig.1.1 (c). Na estrutura cúbica de fluorite centrada na face do CeO_2, oito elementos de oxigénio ocupam posições tetraédricas e estão rodeados por um cério. Cada elemento de oxigénio tem quatro ligantes de catiões de cério. Como resultado, foram criadas vagas de oxigénio adicionais após a substituição dos iões dopantes Cr^{3+} na estrutura do hospedeiro. Quando a concentração de iões Cr^{3+} aumentou sem alterar os parâmetros experimentais, foi observada uma variação significativa no parâmetro da rede (Tabela 1.2). O GOF (goodness of fit) foi utilizado para garantir a superioridade dos dados refinados. O GOF estimado foi de ~ 0,32, o que confirma o bom ajuste dos gráficos experimentais e teóricos. O diagrama de empacotamento foi desenhado a partir do software *Diamond* e foi mostrado na Fig.1.1 (c).

Tabela 1.2 Parâmetros de refinamento Rietveld das NPs CeO_2:Cr^{3+} (1- 11 mol %).

Cr^{3+} con c.	**Puro**	**1 mol %**	**3 mol %**	**5 mol %**	**7 mol %**	**9 mol %**	**11 mol %**
Cristal sistema	Cúbico	Cúbico	Cúbico	Cúbico	Cúbico	Cúbico	Cúbico
Espaço grupo	F m -3 m (225)	F m -3 m (225)	F m -3 m (225)	F m -3 m (225)	F m -3 m (225)	F m -3 m (225)	F m -3 m (225)
Parâmetros da rede (Å)							
a=b=c	5.431	5.447	5.443	5.449	5.445	5.448	5.437
Unidade célula volume (Å^3)	160.226	161.62	161.26	161.82	161.44	161.70	160.74
RP	2.91	1.79	1.12	1.00	1.08	1.30	1.05
RWP	3.97	3.22	2.46	1.23	1.36	1.59	1.35
RExp	9.17	9.22	5.89	4.10	5.79	5.92	5.89

Z2	0.187	0. 575	0.618	0.124	0.548	0.781	0.524
RBragg	1.83	1.418	1.561	1.227	1.283	1.263	1.141
RF	1.54	1.470	1.601	1.204	1.290	1.237	1.117
Densidade de raios X (g/cc)³	6.961	6.870	6.833	6.803	6.826	6.827	6.856

1.2.2 Espectros de reflectância difusa (DRS)

A Fig.1.2 (a) mostra os espectros de reflectância difusa (DR) do nanofósforo de CeO_2: Cr^{3+} (3-11 mol %). As bandas de absorção registadas a ~ 360 e 566 nm foram atribuídas a$^4A_{2g}(F) \div ^4T_{1g}(F)$ e $^4A_{2g}(F) \div ^4T_{2g}(F)$ transições d-d de iões Cr^{3+} com spin permitido, respetivamente [36]. Utilizando a teoria de Kubelka-Munk (K-M), o intervalo de energia direta (E_g) do CeO_2 preparado: Cr^{3+} (1-11 mol %) foi estimado. A relação entre a função K - M F(R∞) e a energia do fotão (h_v) foi relatada noutro local [37]. Ao traçar um gráfico de $F(R)^2$ versus h_v e extrapolando as regiões lineares ajustadas para $F(R)^2$ =0, os valores de E_g foram estimados (Fig.4.2(b)) e apresentados na Tabela 4.2. Uma pequena alteração nos valores estimados de E_g deveu-se principalmente às vacâncias de oxigénio presentes nas amostras.

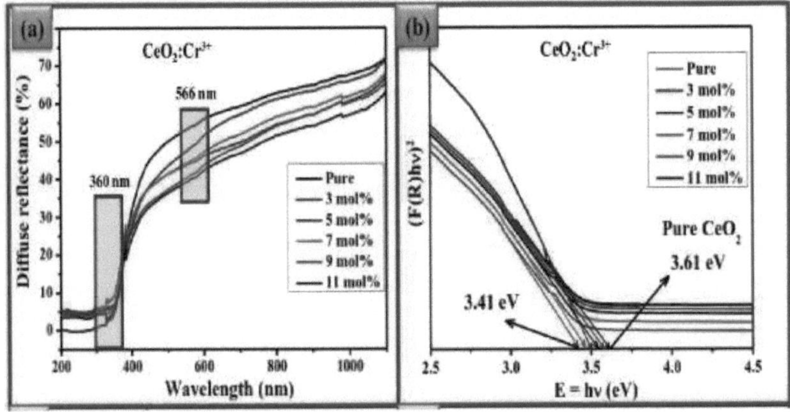

Fig.1.2. (a) Espectros DR, NPs de CeiRCr³ ' (1-11 mol %). (b) Intervalo de banda de energia.

1.2.3 Espectros Raman

A Fig.1.3 mostra os espectros Raman do nanofósforo de CeO_2: Cr^3 + (1-11 mol %) nanofósforo medidos na gama de 350-800 cm^{-1} . Um pico forte a ~ 464 cm^{-1} foi atribuído à vibração F_{2g} da estrutura cúbica do tipo fluorite e pode ser considerado como o modo de estiramento simétrico dos átomos de oxigénio em torno dos iões de cério. Um pico fraco a ~ 478 cm^{-1} deveu-se a um modo ótico longitudinal não degenerado causado por um estiramento local da simetria da ligação Ce-O (R_{Ce-O}). A formação de vagas de oxigénio intrínsecas devido à fuga do oxigénio da estrutura cúbica resulta na manutenção de partículas eletricamente neutras [38].

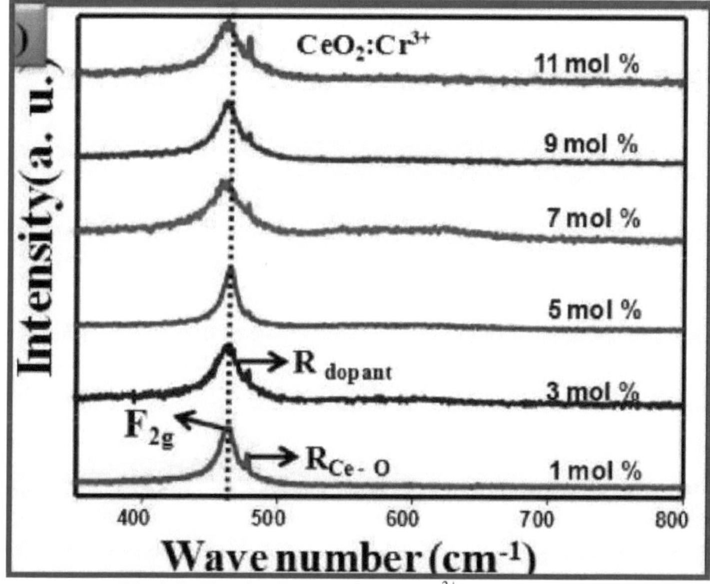

Fig.1.3. Estudos Raman de CeO_2:Cr^{3+} (1-11 mol %).

Foi observado um pico muito fraco a ~ 470 cm^{-1} , que foi atribuído a vagas de oxigénio extrínsecas causadas por dopagem (R_{dopant}). Para manter a neutralidade eletrónica das partículas, os iões dopantes Cr^{3+} oferecem estados de valência diferentes dos do Ce^{4+} e, por conseguinte, a fração de oxigénio que escapa da rede hospedeira leva à formação de vagas de oxigénio extrínsecas. As intensidades relativas dos picos Raman a ~ 464, 478 e 470 cm^{-1} podem ser estimadas utilizando a seguinte relação [39]:

$$\underline{Vagas\ de\ oxigénio} = \underline{(A\ R^{rea}{}_{ce\ O} + R.^{Area}{}_{dopinl}}^{1} \quad ,\hat{}$$

$$F2_{g}{}^{AreaF}{}_{2g}$$

Os valores calculados estão listados na Tabela 4.2. É evidente que as lacunas de oxigénio aumentam à medida quc a concentração de Cr^{3+} aumenta até 9 mol %, o que se deve à existência de apenas lacunas de oxigénio extrínsecas, para além das lacunas de oxigénio intrínsecas. Com o aumento da concentração de Cr^{3+} , as vacâncias de oxigénio diminuem para manter a neutralidade do produto preparado.

1.2.4 Espectros de infravermelhos com transformada de Fourier (FTIR)

Os espectros FTIR do CeO_2: Cr^3 + (1-11 mol %) nanofósforo registado na gama 4004000 cm^{-1} foi representado na Fig.4.4. A banda larga ~ 3390 cm^{-1} foi atribuída ao modo de estiramento O-H [40]. Uma banda de CO_2 a ~ 1346 cm^{-1} pode surgir devido ao CO_2 aprisionado no ar. A banda a ~ 1650 cm^{-1} corresponde à flexão de H-O-H e sobrepõe-se parcialmente à banda de estiramento O-C-O. A banda a ~ 390 cm^{-1} deve-se ao modo de estiramento de Ce-O [41]. As proteínas e os hidratos de carbono presentes nos estudos de FTIR podem oferecer constância à escalada das nanoestruturas de CeO2, evitando a aglomeração. Os alcalóides e os flavonóides presentes num extrato de sementes com grupos funcionais como O-C-O, -C-O-C- e -C-O- podem ter uma ação de cobertura e apoiar o crescimento da nanoestrutura [42]. Além disso, os grupos funcionais amino, carboxílicos e fenólicos do extrato de sementes podem também ser responsáveis pela construção de nanoestruturas de CeO2 com formas diversas.

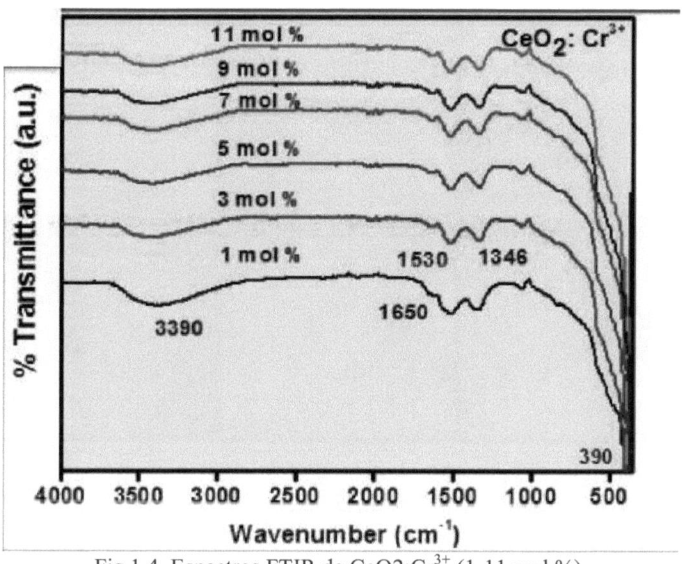

Fig.1.4. Espectros FTIR de CeO2:Cr^{3+} (1-11 mol %).

1.2.5 Microscópio eletrónico de varrimento (SEM)

As micrografias SEM de CeO2: Cr^{3+} (9 mol %) fabricados com diferentes tempos de sonicação (1 - 6 h) com 30 % de concentração W/V de extrato de sementes de *C.A.* e valor de pH ~13 foram mostrados na Fig.4.5. Quando o tempo de irradiação de ultra-sons foi de 1 e 2 h, foram observadas estruturas hexagonais em fase de crescimento (Fig.1.5 (a & b)). Quando o tempo de irradiação foi prolongado para 3 e 4 h, as estruturas semelhantes a hexágonos sofreram um maior crescimento e começaram a ser orientadas na direção da ordem, como se pode ver na Fig.1.5 (c & d). Além disso, quando o tempo de irradiação ultra-sónica foi ainda prolongado para 5 e 6 h, as estruturas hexagonais auto-montadas com orientação de ordem foram observadas (Fig.1.5 (e & f)). Assim, confirmou-se que o tempo de irradiação de ultra-sons para a síntese de estruturas hierárquicas desempenha um papel vital.

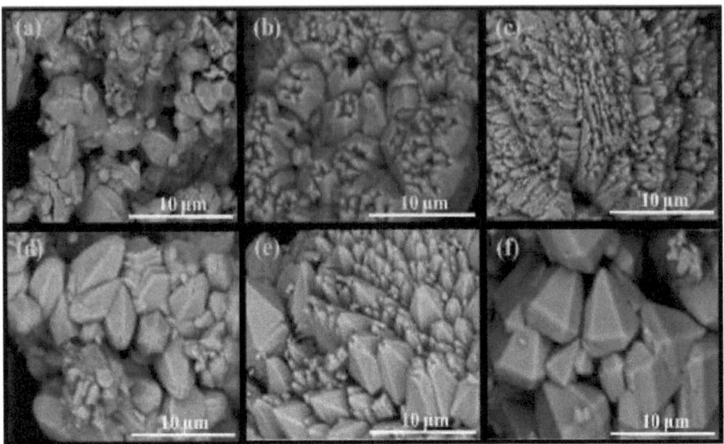

Fig.1.5. Micrografias SEM de CeO_2: Cr^{3+} (9 mol %) NP sintetizadas com vários tempos de sonicação (1, 2, 3, 4, 5 e 6 h) enquanto a concentração de extrato de sementes de *C. A.* e o pH foram fixados em 30% W/V e 13 respetivamente.

A Fig.1.6. mostra o efeito de várias concentrações de extrato de sementes de *C.A.* na morfologia do CeO_2: Cr^{3+} (9 mol %) nanofósforo preparado com 6 h de tempo de irradiação ultra-sónica e pH = 9. Quando a concentração de extrato de sementes de *C.A.* é de 5 e 10 % W/V, foram observadas estruturas hexagonais (Fig.1.6 (a & b)). No entanto, foram observadas estruturas de maturação auto-montadas quando a concentração de extrato de sementes de *C.A.* foi aumentada para 15 e 20 % W/V (Fig.1.6 (c & d)). Além disso, quando se aumentou a concentração do extrato de sementes de *C.A.* para 25 e 30 % W/V, observaram-se estruturas hierárquicas 3D quase semelhantes a flores (Fig.1.6 (e & f)).

Fig.1.6. Micrografias SEM de CeO_2: Cr^{3+} (9 mol %) NP sintetizadas com diferentes concentrações de extrato de sementes de *C. A.* (5, 10, 15, 20, 25 e 30 % W/V) com 6 h de tempo de sonicação e valor do pH = 13.

O efeito do extrato de sementes de *C.A.* para a formação de superestruturas 3D pode ser explicado pelo modelo chamado modelo da caixa de ovos, em que a rede polimérica do conteúdo do extrato de sementes de *C.A.* se envolve numa rede complexa na qual os iões CeO_2:Cr^{3+} ficam presos, deixando para trás as várias estruturas hierárquicas, como se mostra na Fig.1.7.

O efeito do valor do pH na morfologia do produto, alterando o tamanho e a forma devido a vários factores, incluindo a atração entre cristais e faces, campos electrostáticos e dipolares associados ao agregado, forças de Vander Waals, estruturas intrínsecas e factores externos, conduz a estruturas hierárquicas. Quando o nível de NaOH da solução precursora foi mantido a 3, 5 e 7, foram observadas estruturas esféricas (Fig.1.8 (a, b & c)). À medida que o pH da solução foi aumentado para 9 e 11, foram observadas estruturas hierárquicas do tipo cone auto-montadas (Fig.1.8 (d & e)). Além disso, quando o pH foi aumentado para 13, observaram-se na Fig.1.8 (f) cones bem orientados que formam superestruturas 3D semelhantes a flores. Estes resultados demonstraram que o valor do pH desempenhou um papel vital no ajuste da morfologia do produto.

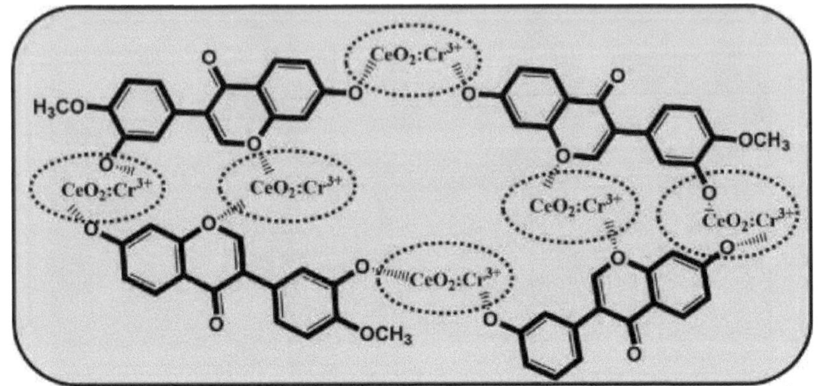

Fig.1.7. Modelo de caixa de ovos para explicar o mecanismo de captura de iões CeO_2:Cr^{3+} pela isoflavona *Calycosin*.

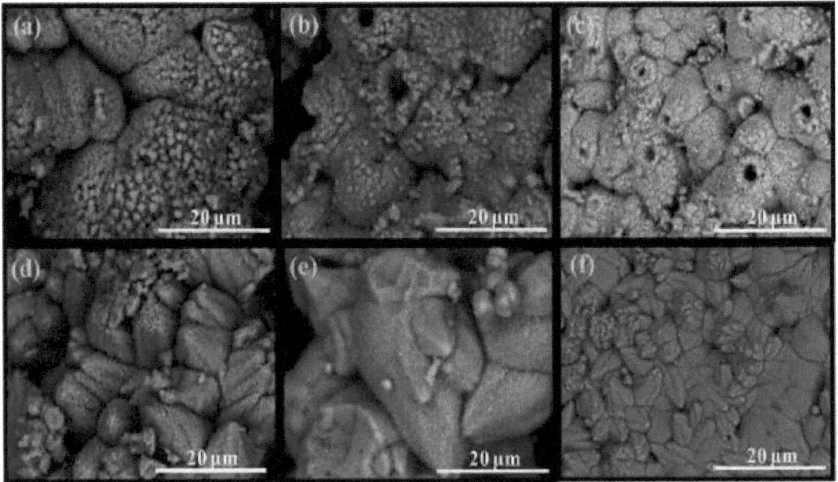

Fig.1.8. Micrografias SEM de CeO_2: Cr^{3+} (9 mol %) NP sintetizadas com diferentes valores de pH (3, 5, 7, 9, 11 e 13), enquanto a concentração de extrato de sementes de *C.A.* e o tempo de sonicação foram fixados em 30% W/V e 6 h, respetivamente.

A representação esquemática da nucleação, crescimento e auto-montagem de estruturas para formar estruturas hierárquicas 3D com vários parâmetros experimentais foi mostrada na Fig.1.9.

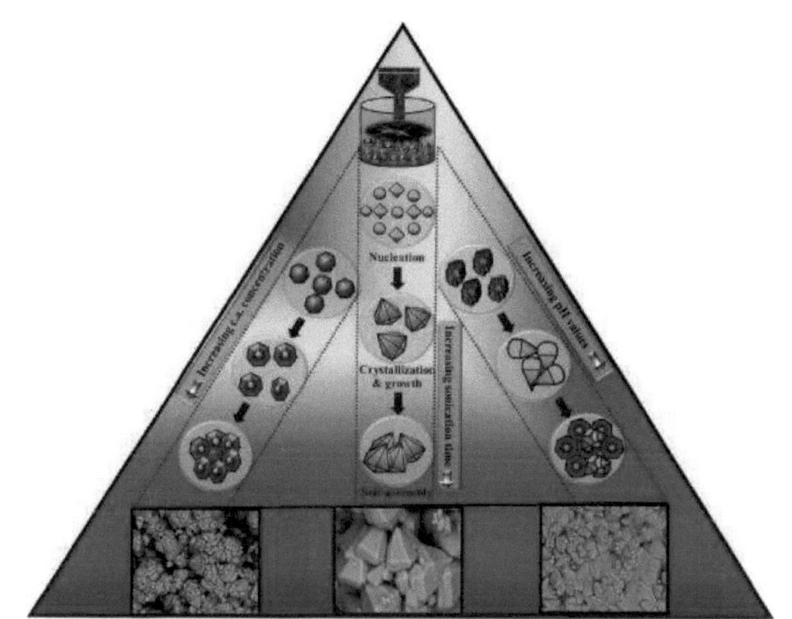

Fig.1.9. Diagrama esquemático do mecanismo de crescimento de CeO_2 3D: Cr^{3+} (9 mol %) NP sintetizado usando ultrassom assistida rota sonoquímica com diferentes tempos de sonicação, *C. A.* extrato de sementes e valores de pH.

1.2.6 Microscópio eletrónico de transmissão (TEM)

A imagem TEM do nanofósforo CeO_2:Cr^{3+} (9 mol %) (Fig.1.10 (a & b)) mostra que as partículas têm uma forma quase hexagonal. A imagem HRTEM do nanofósforo CeO_2:Cr^{3+} (9 mol %) é mostrada na Fig.1.10 (c). A disposição bem definida dos planos atómicos a curta distância com valor d ~ 0,31 nm confirma a natureza policristalina da amostra. O padrão SAED do nanofósforo optimizado confirma a natureza cristalina e todos os círculos coincidem com os planos (hkl) do gráfico PXRD (Fig.1.10 (d))

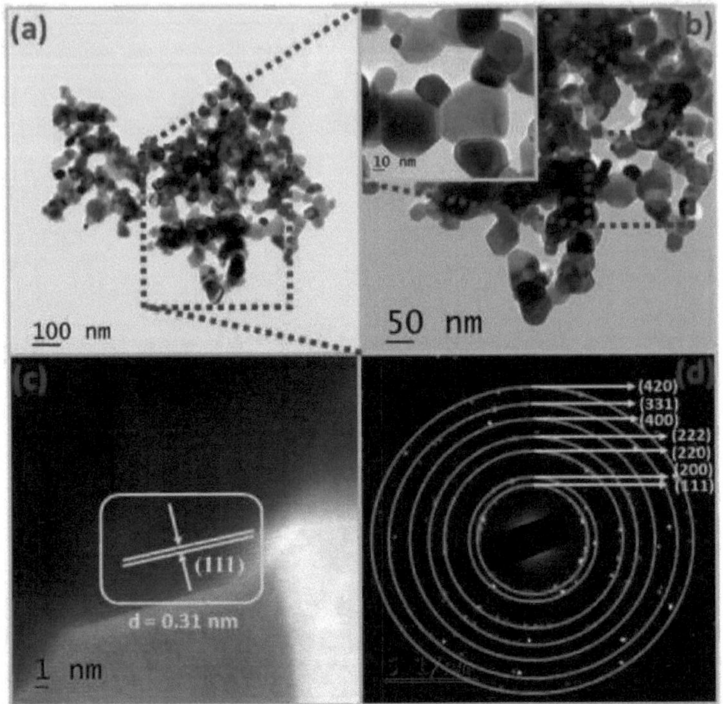

Fig.1.10. (a, b) Imagem TEM, (c) HRTEM e (d) imagem do padrão SAED das NPs de CeO_2: Cr^{3+} (9 mol %) NPs.

1.2.7 Estudos de fotoluminescência (PL)

A Fig.4.11 (a) mostra o espetro de excitação de fotoluminescência (PL) do nanofósforo CeO_2:Cr^{3+} (9 mol %) sob λ_{emi} = 689 nm. Os espectros exibem picos intensos a ~ 372 e 471 nm, atribuídos a transições de spin, $^4A_2(^4F) \rightarrow {}^4T_1(^4P)$ and $^4A_2(^4F) \rightarrow {}^4T_2($ (^{4} F, respetivamente [43]. O espetro de emissão PL do nanofósforo CeO_2:Cr^{3+} (1-11 mol %) excitado a 471 nm em RT foi representado na Fig.1.11 (b). Um pico de emissão intenso a ~ 689 nm foi registado para todas as amostras e foi atribuído à transição proibida por spin $^2E_g \rightarrow {}^4A_{2g}$ dos iões Cr^{3+}. Um pico fraco a ~ 704 nm e um pico mais largo a ~ 734 nm foram também registados e atribuídos a interações de pares Cr^{3+} - Cr^{3+} [44].

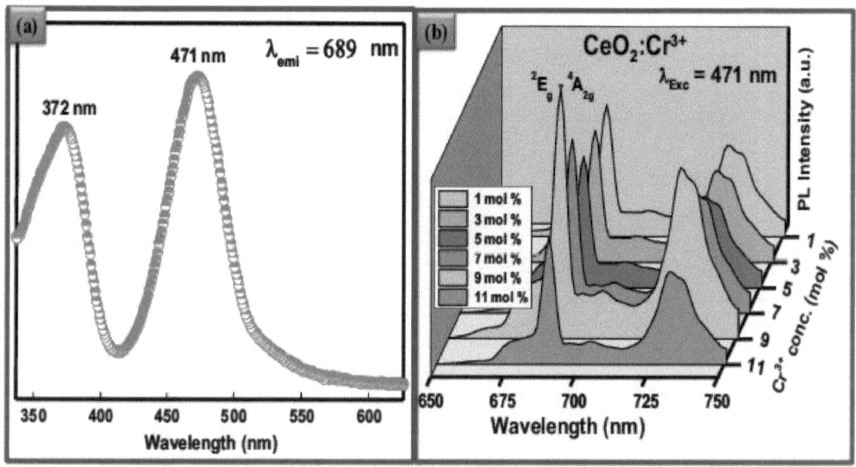

Fig.1.11. (a) Espectro de excitação PL e (b) Espectro de emissão das NPs $CeO_2:Cr^{3+}$ (1-11 mol %) excitadas a 471 nm de comprimento de onda.

A representação esquemática do diagrama de níveis de energia de Tanabe - Sugano para mostrar a divisão dos níveis de energia é mostrada na Fig.1.11 (a). A diferença de intensidade de PL para várias concentrações de iões Cr^{3+} é apresentada na Fig.1.11 (b). É evidente que a intensidade de PL aumenta até 9 mol % com o aumento da concentração de iões Cr^{3+} e, a partir daí, diminui devido ao fenómeno de extinção da concentração. Para saber mais sobre os fenómenos de atenuação da concentração, é muito importante explorar o comportamento da interação, que normalmente ocorre devido à reabsorção da radiação, às interações de troca e à interação eléctrica multipolar. A distância crítica (R_c) entre iões Cr^{3+} foi estimada utilizando a seguinte relação [45]:

$$R_c = 2\left(\frac{3V}{4\pi N X_c} \right)^{1/3} \qquad (1.5)$$

onde V; volume da célula unitária, X_c; concentração de iões Cr^{3+} e N; número de sítios cristalográficos por célula unitária. Substituindo os valores de V; 161,70 $\hat{A}^3$, *Xc;* ~ 0,09 e N; 4, o valor estimado de R_c foi encontrado para ser ~ 18,50 Â que era muito maior do que 5 Â resulta na interação multipolar-multipolar [46].

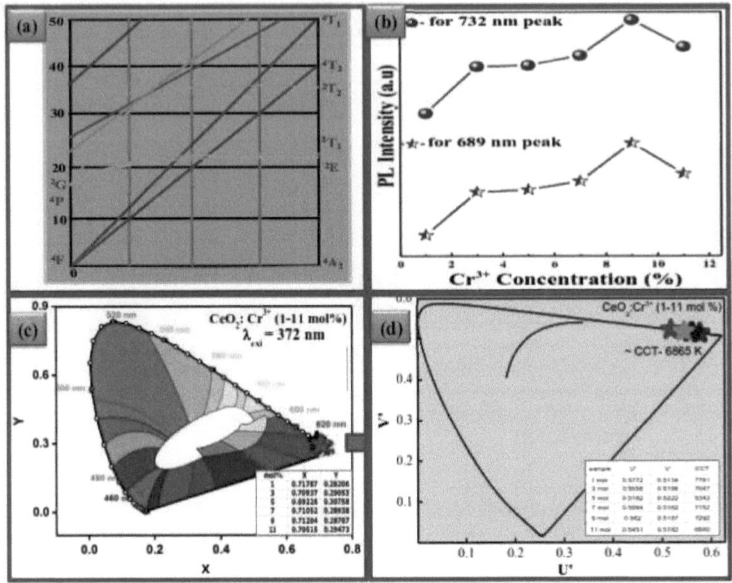

Fig.1.12. (a) Diagrama de níveis de energia Tanabe-Sugano de iões Cr^{3+} em CeO2 (b) variação da intensidade PL nos picos de 732 e 689 nm com diferentes concentrações de Cr^{3+} (c) CIE e (d) diagrama CCT de NPs CeO2:Cr^{3+} (1-11 mol %). [Inserir: valores de CIE e CCT das NPs de CeO2:Cr^{3+}].

De acordo com a teoria do campo ligante, os efeitos ambientais dos iões Cr^{3+} foram expressos pela magnitude do parâmetro de divisão do campo cristalino (Dq) e do parâmetro de repulsão inter-eletrónica de Racah (B) [47]. O valor de Dq foi obtido a partir da energia da transição $^4A_{2g} \rightarrow {}^4T_{1g}$ utilizando a seguinte relação:

$$D_q = E\left({}^4A_{2g} \rightarrow {}^4T_{1g}\right)/10 \quad (1.6)$$

O valor de B foi estimado a partir das bandas de energia observadas utilizando a relação [48]

$$B = (2\gamma_1^2 + \gamma_{21}^2 - 3\gamma_1\gamma_2)/(15\gamma_2 - 27\gamma_1) \qquad (1.7)$$

em que y_1 e γ_2 ;as energias correspondentes a$^4A_{2g} \rightarrow {}^4T_{1g}$ e$^4A_{2g} \rightarrow {}^2T_{1g}$, respetivamente. O valor de B avaliado foi de ~ 151 cm^{-1} , muito inferior ao valor do ião livre do Cr^{3+} (918 cm^{-1}). Normalmente, para sítios de campo cristalino fracos, fortes e intermédios, os valores de Dq/B são < 2,3, > 2,3 e = 2,3, respetivamente. O valor obtido de Dq/B no presente trabalho foi estimado em ~ 15,76, o que indica que os iões Cr^{3+} se situam num campo cristalino forte. É também evidente que a propriedade PL se deve principalmente a transições proibidas de spin e paridade dos iões Cr^{3+} [48].

Para estimar a emissão de cor das amostras sintetizadas, as coordenadas de cromaticidade da Comissão Internacional de Iluminação (CIE) 1931 foram estimadas e apresentadas na Tabela 1.3 O diagrama CIE do nanofósforo CeO_2:Cr^{3+} (1-11 mol %) foi apresentado na Fig.1.12 (c). Observou-se claramente na figura que as coordenadas cromáticas estavam localizadas na região do vermelho puro. A temperatura de cor correlacionada (CCT) foi estimada pelas coordenadas CIE (Fig.1.12 (d)) para estimar a aplicabilidade do nanofósforo preparado.

Tabela 1.3 Caracterizações fotométricas das NPs CeO_2:Cr^{3+} (1-11 mol %).

Cr^{3+} Conc. (mol %)	**CIE X**	**CIE Y**	**CCT (K)**	**PC (%)**
1	0.7178	0.2820	7781	80
3	0.7093	0.2905	7047	79
5	0.6922	0.3075	5342	81
7	0.7105	0.2893	7152	82
9	0.7120	0.2878	7292	80
11	0.7051	0.2947	6580	81

A luz emitida pode ser convertida em termos de CCT utilizando a fórmula empírica de McCamy [49]. Se o valor CCT da lâmpada for inferior a 5000 K, é considerada uma fonte de luz "quente" e as lâmpadas com um valor CCT superior a 5000 K são consideradas de aspeto "frio" [50]. Os valores CCT estimados estão listados na Tabela 1.3. A pureza da cor da amostra obtida também foi estimada utilizando a relação.

$$\text{Pureza da cor} = \frac{\sqrt{(x_s - x_i)^2 + (y_s - y_i)^2}}{\sqrt{(x_d - x_i)^2 + (y_d - y_i)^2}} \quad (1.8)$$

em que (x_s, y_s) e (x_d, y_d) são as coordenadas de um ponto da amostra e do comprimento de onda dominante e (x_i, y_i) são as coordenadas correspondentes aos pontos de iluminação mais elevados. A pureza de cor estimada das amostras preparadas é apresentada no Quadro 1. Além disso, a eficiência quântica (QE) do nanofósforo optimizado de CeO_2:Cr^{3+} (9 mol %) foi estimada pelo método descrito por De Mello [51] e

Palsson [52]: em que, E_C ; a luminescência integrada do fósforo causada por excitação direta, E_a ; a luminescência integrada da esfera de integração vazia (branco, sem amostra), L_a ; o perfil de excitação integrado da esfera de integração vazia, L_c ; o perfil de excitação integrado quando a amostra é diretamente excitada pelo feixe incidente. No presente caso, o valor estimado de QE foi de ~ 63,25%, o que sugere o elevado QE da amostra preparada. No entanto, nos nossos estudos anteriores, o QE foi de 65% e 61% para MgO:Dy^{3+} , CeO_2:Eu^{3+} e $YAlO_3$:Ho^{3+} [53-55], respetivamente.

$$QE = \frac{\textit{Number of photons emitted}}{\textit{Number of Photons absorbed}} = \frac{E_c - E_a}{L_a - L_c} \quad (1.9)$$

1.2.8 Impressões digitais latentes (LFP)

A Fig. 1.13 mostra as LFP visualizadas pelo nanofósforo optimizado CeO_2:Cr^{3+} (9 mol %) em várias superfícies não porosas, incluindo vidro, folha de plástico, escamas de aço, folha de alumínio e moeda. A Fig.1.13 (a) mostra o LFP em vidro visualizado pela amostra optimizada sob luz visível. É claramente evidente que a imagem da impressão digital com padrões de crista de nível 2, tais como gancho, bifurcação, lago, ponte, etc., foi melhorada. Por outro lado, as mesmas imagens de impressões digitais fluorescentes sob luz UV de 254 nm também se apresentam evidentemente melhoradas com padrões de cristas de nível 2 minuciosos devido ao seu tamanho cristalino mais pequeno e à sua elevada propriedade de fluorescência (Fig. 1.13 (b-f)). Assim, o nosso nanofósforo optimizado $CeO_2:Cr^{3+}$ (9 mol %) preparado foi considerado uma nova sonda para a visualização de LFPs em várias superfícies.

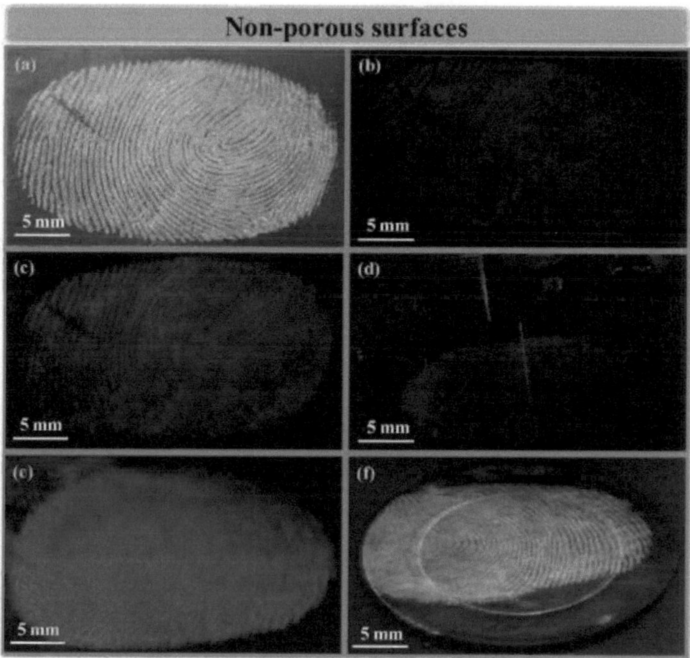

Fig.1.13. LFPs sob UV 254 nm visualizadas por NP de $CeO_2:Cr^{3+}$ (9 mol %) sintetizadas pelo método de ultra-sons em: (a) vidro sob luz visível, (b) vidro, (c) folha de plástico, (d) balança de aço inoxidável, (e) folha de alumínio e (f) moedas indianas sob luz UV 254 nm.

Do mesmo modo, a visualização de LFPs em superfícies porosas foi praticamente um desafio para os criadores devido à absorção dos constituintes dos LFPs por estes materiais. Para avaliar a versatilidade da amostra preparada, os LFP foram visualizados em diferentes superfícies porosas com cores de fundo diferentes (Fig.1.14).

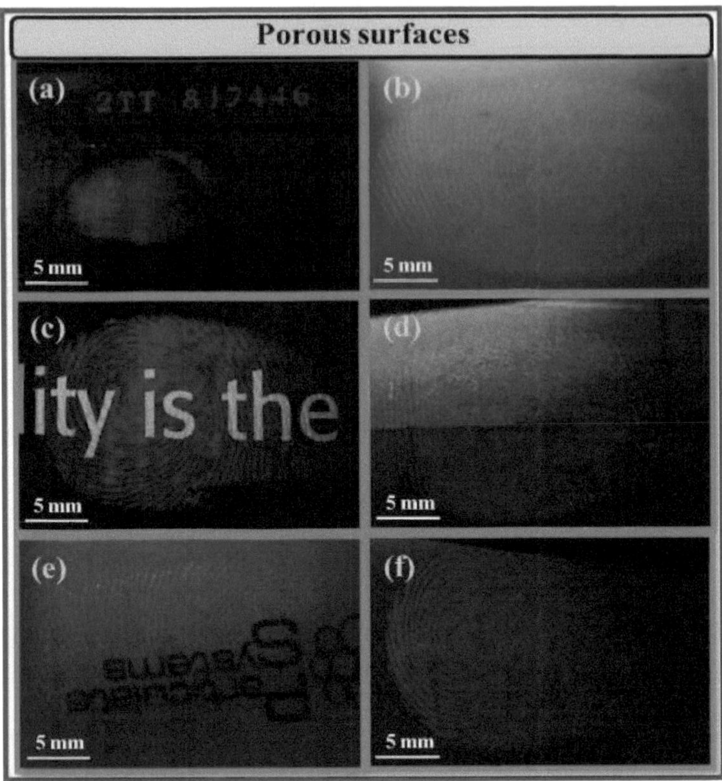

Fig.1.14. LFPs visualizados por $CeO_2:Cr^{3+}$ (9 mol %) NP em várias superfícies porosas sob luz UV 254 nm.

Curiosamente, foram determinados padrões de cristas mais nítidos, de elevado contraste e qualidade suficiente em todas as superfícies, sem qualquer interferência de fundo. Os resultados acima mencionados evidenciam que o presente nanofósforo preparado pode ser utilizado como componente vermelho puro e frio em iluminação, dispositivos de visualização e aplicações forenses.

Capítulo 2

Síntese verde de $ZrO_2:Fe^{3+}$:

Estudos estruturais, dieléctricos e de fotoluminescência

2.1 Introdução

Atualmente, há um interesse crescente no desenvolvimento e engenharia de novos materiais fosforescentes para fontes de luz respeitadoras do ambiente e que poupem energia. Os novos materiais luminescentes de fósforo inorgânico são amplamente utilizados em vários dispositivos optoelectrónicos, como ecrãs de emissão de campo (FED), painéis de plasma (PDP), lasers de estado sólido, tubos de raios catódicos (CRT) e díodos emissores de luz branca tricolores (WLED) [56]. Os W-LED oferecem vantagens como elevada eficiência luminosa, baixo consumo de energia, longa duração e rapidez. São apontados como a próxima geração de iluminação de estado sólido [57-61]. Entre eles, a zircónia (ZrO_2) é um semicondutor do tipo n com um intervalo de banda de ~ 5,0 eV e foi amplamente utilizada como matéria-prima em têxteis, cosméticos, cerâmicas, electrólitos de células de combustível de óxido sólido, sensores de gás e dispositivos ópticos [62-67]. Tem elevada transparência ótica, elevado índice de refração, boa estabilidade térmica, baixo coeficiente de expansão térmica, baixa condutividade térmica, elevado ponto de fusão, elevada estabilidade química e natureza polimórfica [68, 69].

Apesar da sua potencial utilização em aplicações industriais, existem poucos relatórios sobre a síntese de NPs de zircónia esféricas e monodispersas [70-75]. Além disso, a preparação de NPs de forma esférica com iões de terras raras (ER)/metais de transição incorporados na matriz de ZrO2 através de métodos fáceis para aplicação ótica continua a ser um desafio permanente para os cientistas de materiais. Em geral, o ZrO2 dopado com metais de transição/RE foi preparado por diferentes métodos, como o método do poliol, o método de co-precipitação e o processo de secagem por pulverização [76-78]. No entanto, estes métodos de preparação são dispendiosos e envolvem procedimentos complexos, demorados, requerem equipamentos sofisticados e utilizam produtos químicos e solventes orgânicos nocivos para o ambiente, que são tóxicos e não se degradam facilmente no ambiente. Assim, a utilização de reagentes e solventes não tóxicos e ambientalmente benignos, a redução da temperatura de reação e a não libertação de subprodutos perigosos são as questões-chave numa via de síntese ecológica [79-82]. Aqui, relatamos a rota sintética verde e fácil para a fabricação de ZrO_2: Fe^{3+} NPs em menos de 5 minutos, em condições de reação moderadas, utilizando *Tamarindus indica* (*T.I*) como combustível.

O tamarindo (Tamarindus indica) é uma árvore leguminosa da família *Fabaceae.* A árvore do tamarindo produz frutos em forma de vagem que contêm uma polpa comestível utilizada em cozinhas de todo o mundo. Outras utilizações da polpa incluem a medicina tradicional e o polimento de metais. A madeira pode ser utilizada para trabalhar madeira e das sementes pode extrair-se óleo de tamarindo. As suas folhas são utilizadas na cozinha indiana, especialmente em Karnataka e Andhra Pradesh. Devido às suas múltiplas utilizações, o tamarindo é cultivado em todo o mundo em zonas tropicais e subtropicais. No entanto, a utilização de *T.I.* não é referida na literatura para a síntese de NPs de ZrO2. Por conseguinte, o presente estudo trata da síntese de ZrO_2 de forma esférica, simples, económica e ecológica: Fe^{3} + (0,1-0,3 mol%) NPs por via de combustão a baixa temperatura. Além disso, o trabalho centra-se na influência da incorporação de Fe^{3+} nos estudos estruturais, de fotoluminescência e de condutividade das NPs de ZrO2.

Preparação de nanopartículas de ZrO2: Fe^{3+} nanopartículas

NPs cúbicas de ZrO_2: Fe^{3+} (0,3 mol%) foram sintetizadas por via de combustão verde a baixa temperatura. Nesta técnica, uma quantidade estequiométrica de soluções de $ZrO(NO_3)_2\ H_2O$ e nitrato férrico foram misturadas com uma quantidade óptima de *Tamarinds indica* num prato cilíndrico de pirex. O prato foi introduzido num forno pré-aquecido a 400 ± 10 °C, a solução começou imediatamente a ferver e sofreu desidratação. Seguiu-se rapidamente a decomposição dos nitratos metálicos com libertação de gases e observou-se uma chama branca com a produção de material espumoso. Foi adotado um método semelhante para a preparação de diferentes concentrações de Fe^{3+} em ZrO2. A figura seguinte mostra o fluxograma para a síntese ecológica das NPs utilizando o método de combustão em solução a baixa temperatura.

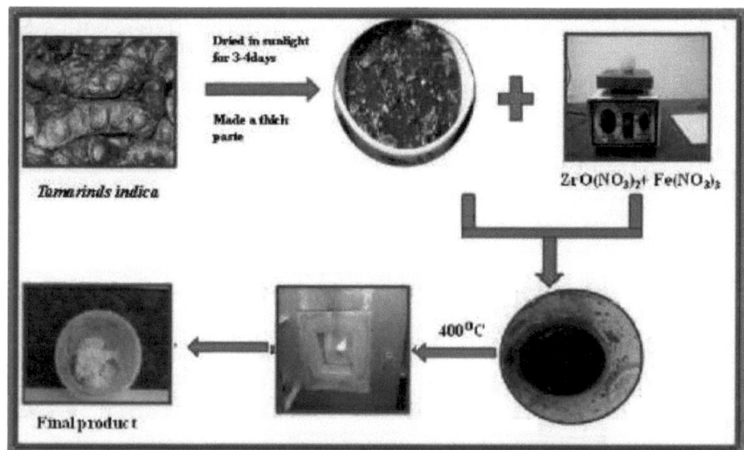

Diagrama de fluxo para a síntese de NPs de ZrO2:Fe^{3+} puras e dopadas.

2.2 Resultados e discussões

2.2.1 Difração de raios X em pó (PXRD)

Para uma melhor compreensão da estrutura e do tamanho cristalino real das NPs de ZrO2 dopadas com Fe, foram efectuados estudos de PXRD. Os padrões de PXRD observados das NPs de ZrO2: Fe^{3+} NPs estavam de acordo com o cartão padrão JCPDS No. 27-997. Todos os padrões de difração foram indexados à fase cúbica do ZrO2 (Fig.2.1). O ZrO2 existe em três estruturas cristalinas diferentes, ou seja, polimorfos cúbicos, tetragonais e monoclínicos. Entre estas, a fase tetragonal/cúbica é a mais adequada para aplicações técnicas [83]. Após a dopagem de ZrO2 por Fe^{3+} , apenas o pico relacionado com o ZrO2 e nenhuma outra impureza foram observados, o que indica que os iões Zr^{4+} foram substituídos por iões Fe^{3+} na matriz de ZrO2. Os tamanhos médios dos cristalitos (D) dos compostos preparados foram estimados utilizando a relação de Debye-Scherrer [84]:

$$D = \frac{0.9\lambda}{\beta cos\theta} \quad (2.1)$$

em que λ ; o comprimento de onda dos raios X, β ; a largura total a meio máximo (FWHM) e θ ; o ângulo de difração. Os valores obtidos do tamanho dos cristais foram tabelados na Tabela 5.1. Além disso, o método de ajuste Williamson - Hall (W - H) (Fig.5.1b) foi utilizado para estimar a micro-deformação presente nas amostras preparadas, como se mostra abaixo [85]:

$$\beta \cos\theta = \varepsilon\left(4\sin\theta\right) + \frac{\lambda}{D} \quad (2.2)$$

onde β; FWHM em radianos, ε ; a deformação, D; o tamanho do cristalito e θ; o ângulo de difração de Bragg. Os outros parâmetros da rede, a densidade de deslocações (δ) e o defeito de empilhamento (S.F.) também foram estimados utilizando as relações [86]:

$$\delta = \frac{1}{D^2} \quad (2.3)$$

$$SF = \frac{2\pi^2}{45(3\tan\theta)^{1/2}} \quad (2.4)$$

Os valores estimados de micro-deformação foram tabelados na Tabela 2.1.

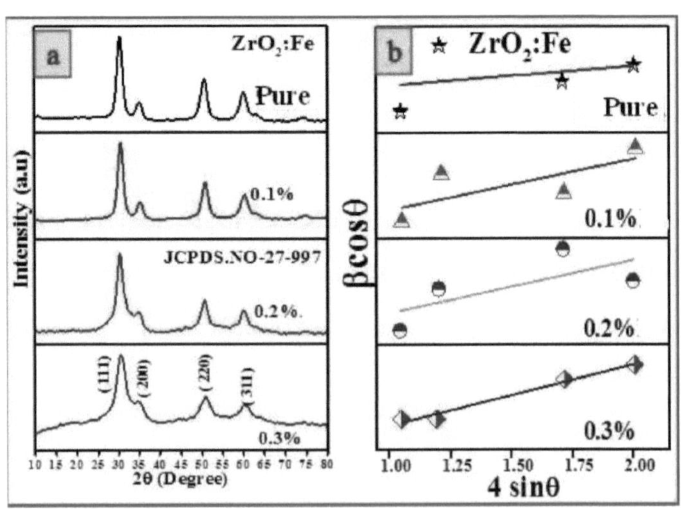

Fig.2.1 (a) Padrões de PXRD e (b) gráficos de Williamson-Hall de NPs de ZrO2 dopadas com Fe^{3+} (0,1-0,3 mol %).

Tabela.2.1 Estimativa do tamanho médio dos cristalitos, deformação, densidade de deslocação, defeito de empilhamento das NPs de ZrO2: Fe^{3+} (0,1-0,3%) NPs.

Fe^{3+} Conc. (mol %)	**Tamanho do cristalito (nm)**		**Micro deformação (x10)$^{-3}$**	**Densidade de deslocação (δ)**	**Defeito de empilhamento (SF)**
	Debye Scherrer's	**Parcela W-H**			
Puro	44	47	1.46	5.03	0.2968
0.1	45	58	4.6	4.85	0.2917
0.2	38	41	1.71	6.62	0.2755
0.3	49	52	5.141	3.31	0.2551

A estrutura cúbica dos nanopós de ZrO2 puros e fabricados com Fe^{3+} (0,1-0,3 mol %) foi estabelecida através da técnica de refinamento Rietveld, utilizando o *programa Fullprof*, como se mostra em

Fig.2.2 (a-d). Foram estimados parâmetros estruturais, tais como parâmetros de rede, coordenadas atómicas, ocupações atómicas, etc. [87].

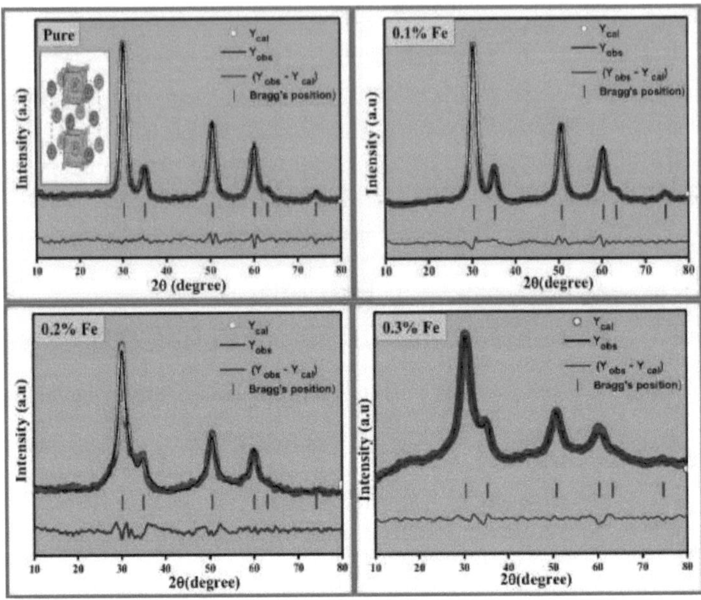

Fig.2.2. Refinamento Rietveld de NPs de ZrO2 puras e dopadas com Fe^{3+} (0,1-0,3 mol %).

(inset:

Diagrama de empacotamento de ZrO2: Fe^{3+} (0,3 mol %) NPs).

Além disso, os parâmetros do índice de fiabilidade Rwp e Rexp foram estimados utilizando o procedimento dos mínimos quadrados. O GOF (goodness of fit) foi utilizado para garantir a superioridade dos dados refinados. O GOF estimado foi de ~ 1, o que confirma o bom ajuste dos gráficos experimentais e teóricos [88]. Todos os parâmetros refinados foram tabulados na Tabela 2.2.

Tabela.2.2. Parâmetros de refinamento Rietveld das NPs de ZrO2: Fe^{3+} (0,1 - 0,3 mol %) NPs.

Composto Sistema cristalino Grupo espacial Símbolo Hall	ZrO_2 :Fe Cúbico Fm-3m -F 4 2 3
Concentração de Fe (mol %)	

Parâmetro da rede (Å)	Puro	0.1	0.2	0.3
a =b =c	5.0341	5.0863	5.1094	5.0854
volume da célula unitária				
(Å)^3	133.135	131.587	133.392	131.515
Rp	8.78	9.00	11.9	9.53
Rwp	9.19	7.80	11.8	9.80
Rexp	10.6	8.64	7.91	6.81
$\chi 2$	0.170	0.09	0.179	0.06
GOF	0.41	0.30	0.42	0.24
RBragg	1.01	1.36	1.65	0.509
RF	3.44	2.07	2.64	1.16
Densidade dos raios X (g/cm3)	5.781	6.030	5.936	10.132

2.2.2 Espectros de infravermelhos com transformada de Fourier (FTIR)

A Fig.2.3. mostra os espectros FTIR registados na gama de 400-4000 cm^{-1} para as NPs de ZrO_2: Fe^{3+} (0,1-0,3 mol %) NPs. As NPs apresentam picos na gama de 470, 606, 928, 1120, 1290, 1500, 1647,3499, 3739, 3694 e 3647 cm^{-1} . A banda de 470 cm^{-1} foi atribuída à vibração Zr-O. As bandas localizadas à 1647 e 3499 cm^{-1} foram atribuídas aos modos de flexão e alongamento OH, respetivamente, correspondentes às moléculas de água à superfície. As bandas a 3739, 3694 e 3647 cm^{-1} foram atribuídas a espécies OH terminais e em ponte na superfície do ZrO_2. Três bandas largas de ZrO_2 cúbico: Fe^{3+} NPs foram obtidas a 606, 928 e 1500 cm^{-1} . Os picos centrados a 1120 e 1290 cm^{-1} podem ser associados a vibrações de estiramento de grupos terminais Zr O. Foi observado um ligeiro desvio nas frequências vibracionais e nas intensidades das bandas com a variação dos iões Fe^{3+} na matriz de ZrO2 [89].

2.2.3 Espectros de reflectância difusa (DRS)

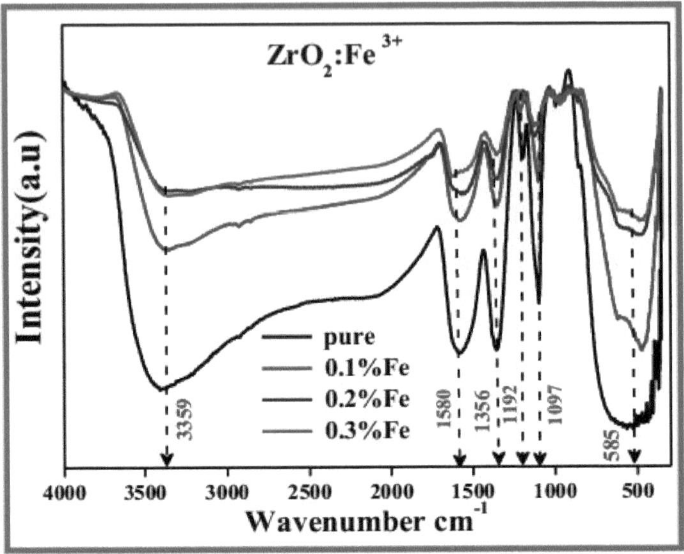

Fig.2.3 Espectros FTIR de NPs de ZrO2 puras e com Fe^{3+} (0,1-0,3 mol %).

A Fig.5.4 (a) mostra os espectros DR das ZrO2NPs puras e dopadas com Fe^{3+} (0,1-0,3 mol %). Utilizando a teoria de Kubelka-Munk (K-M), foi calculado o intervalo de energia (Eg) dos pós preparados [90].

Traçando um gráfico de $F(R)^2$ versus hr e extrapolando as regiões lineares ajustadas a $F(R)^2$ =0, foram calculados os valores de Eg [Fig.2.4(b)].

$$F(R_\infty)=\frac{(1-R_\infty)^2}{2R_\infty} \tag{2.8}$$

$$h\nu=\frac{1240}{\lambda} \tag{2.9}$$

Onde R_m é a reflectância absoluta da camada, s é o coeficiente de dispersão e k o coeficiente molar. Por conseguinte, a partir da equação (2.9), estimou-se o intervalo de energia ótica do ZrO2 e do $ZrO_2:Fe^{3+}$ (0,10,3 mol %). As energias de banda estimadas situam-se no intervalo de 2,093,62 eV.

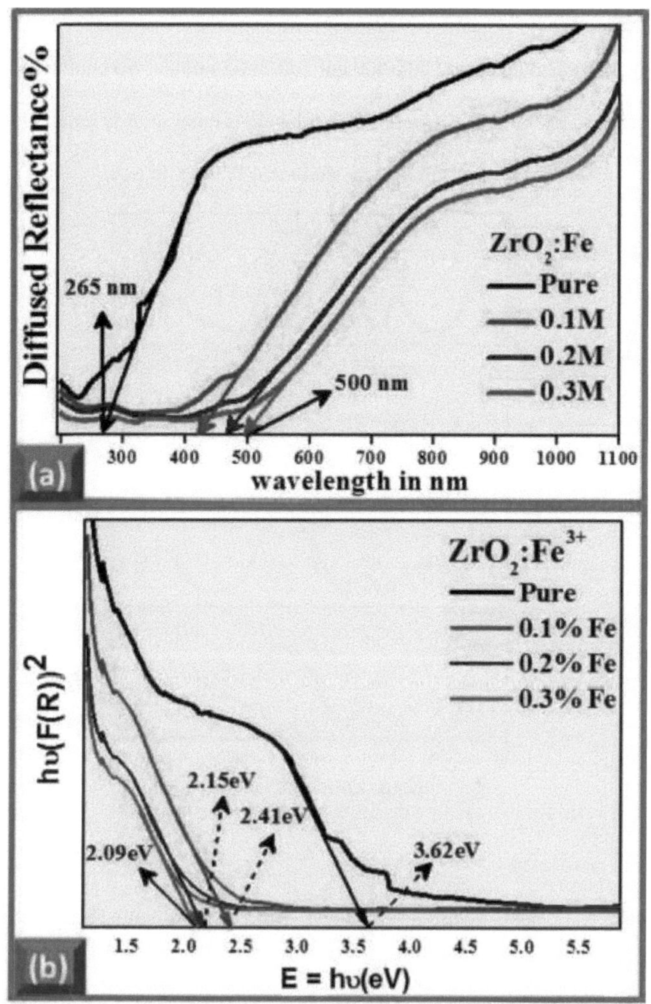

Fig.2.4 (a) Espectro DR e (b) Gráficos do intervalo de energia das NPs de ZrO2: Fe^{3+} (0,1-0,3 mol %) NPs.

2.2.4 Espectros Raman

Os espectros Raman das NPs de ZrO2 puras e dopadas com Fe^{3+} (0,1-0,3 mol %) foram apresentados na Fig.2.5. A partir da figura, verificou-se que o pico posicionado a ~151, 269, 320, 461, 473 e 641 cm^{-1} pertence ao ZrO2 cúbico, exceto o pico 473 cm^{-1} que pertence à fase monoclínica do ZrO2. Além disso, os picos observados a ~ 149, 268, 320, 457, 616 e 642 cm^{-1}

pertencem à fase tetragonal do ZrO2. Foram observadas as bandas caraterísticas de 540 cm^{-1} e a banda larga encontrada na gama de 595-660 cm^{-1} do ZrO2 cúbico. No entanto, Kurpaska et al. [91] referiram que o ZrO2 cúbico apresenta uma banda Raman intensa entre 600-617 cm^{-1} , o que se deve às vacâncias de oxigénio geradas durante o fabrico do ZrO2.

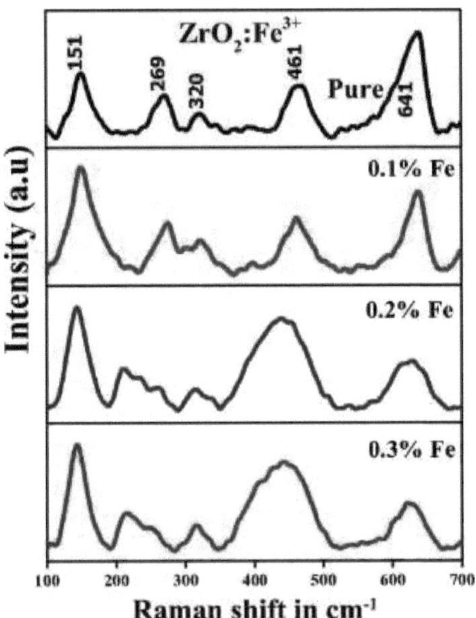

Fig.2.5. Espectro Raman de NPs de ZrO2 puras e dopadas com Fe^{3+} (0,1-0,3 mol %).

2.2.5 Análise morfológica

A Fig.2.6 mostra as imagens do microscópio eletrónico de varrimento (SEM) de NPs de ZrO2 puras e dopadas com Fe^{3+} (0,1-0,3 mol %). A partir da figura, observou-se que, para o ZrO2 puro, foram obtidas partículas de tamanho micrónico com morfologia irregular (Fig. 2.6 (a)). Estas partículas micronizadas aumentam ainda mais de tamanho e formam estruturas tipo sino com a adição de 0,1 mol % de iões Fe^{3+} (Fig.2.6 (b)). Além disso, com o aumento das concentrações de iões Fe^{3+} (0,3 e 0,5 mol %), ocorre uma maior aglomeração e as partículas juntam-se umas sobre as outras, formando uma morfologia irregular, como se mostra na Fig.2.6 (c, d), respetivamente. Além disso, para confirmar a presença de elementos Zr, O e Fe no pó preparado, a análise elementar de ZrO2: Fe^{3+} (0,3 mol %) foi efectuada como se mostra na Fig.2.6 (e-g). A partir da figura, notou-se claramente que todos os três elementos, tais como Zr, O e Fe no composto preparado.

Para estimar o tamanho das partículas dos compostos preparados, foi efectuada uma análise ao microscópio eletrónico de transmissão (TEM). A Fig.2.7 (a) mostra a imagem TEM das NPs de $ZrO_2:Fe^{3+}$ (0,3 mol %), como se pode ver na figura, o tamanho médio das partículas situa-se na gama de ~ 20-30 nm. A Fig.2.7 (b, c) mostra o microscópio eletrónico de transmissão de alta resolução (HRTEM) e a vista ampliada da imagem HRTEM. A partir da figura, observou-se que o espaçamento interplanar (d) é de ~ 0,28 nm. A Fig.2.7 (d) mostra os padrões de difração de electrões de área selecionada (SAED). A partir da figura, observou-se que os compostos preparados são altamente cristalinos na natureza.

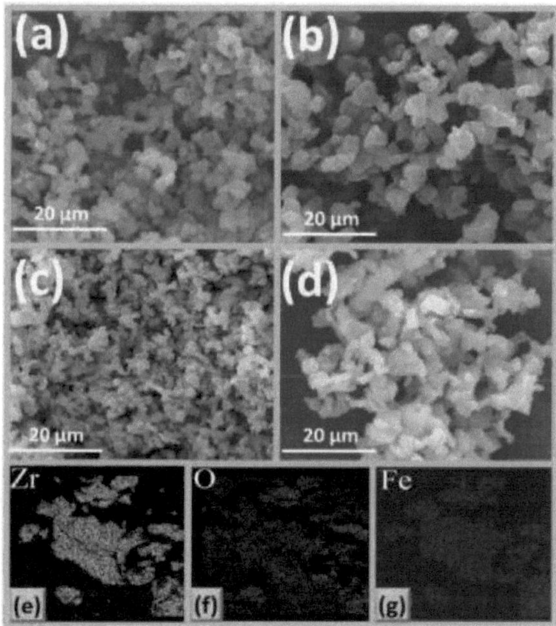

Fig.2.6. Micrografias SEM de (a) ZrO_2 puro, (b) 0,1 mol%, (c) 0,2 mol% e (d) 0,3 mol% de NPs de ZrO2 dopadas com Fe^{3+} . (e) Mapeamento elementar de NPs de $ZrO_2:Fe^{3+}$ (0,3 mol%).

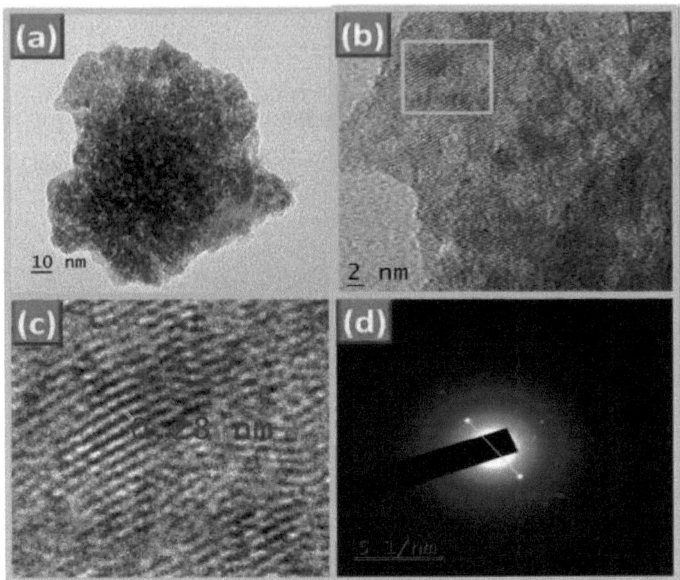

Fig.2.7. (a) TEM, (b) HRTEM, (c) vista ampliada de HRTEM e (d) padrões SAED de NPs de $ZrO2:Fe^{3+}$ (0,3 mol%).

2.2.6 Estudos de fotoluminescência (PL)

O espetro de excitação do ZrO2 dopado com 5 mol % de Fe^{3+} é apresentado na Fig.2.8 (a). O pico intenso a 375 nm deve-se à transição^{6} A_1 (^{6} S)-^{4} E (^{4} D), enquanto os picos acentuados a 435 e 448 nm se devem à transição^{6} A_1 (^{6} S)-^{4} E,^{4} A_1 (^{4} G). Uma vez que o pico centrado em 375 nm era relativamente intenso, foi adotado como comprimento de onda de excitação para todas as amostras sintetizadas no presente estudo [92]. Os pequenos picos observados entre 390 e 420 nm podem ser devidos à transição intrínseca na rede do hospedeiro.

Os espectros de emissão do ZrO2 dopado com Fe^{3+} (0,1-0,3 mol %) excitado a 375 nm são apresentados na Fig. 5.8 (b) Os espectros de emissão consistem em três bandas a 514 nm, 619 nm e 719 nm que

foram atritados com $^{4}E+^{4}A_1(^{4}G)\rightarrow{}^{6}A_1(^{6}S)$, $^{4}T_2(^{4}G)\rightarrow{}^{6}A_1(^{6}S)$ and $^{4}T_1(^{4}G)\rightarrow{}^{6}A_1(^{6}S)$ respectvey[93]. A emissão a ~ 719 nm deveu-se a iões $Fe^{3}+$ coordenados octaedricamente e a emissão a ~ 514 nm deveu-se à coordenação tetraédrica [94]. As bandas laterais vibrónicas observadas na gama de 650700 nm devem-se principalmente a Fe^{3+} coordenado de forma tetraédrica, originadas por modos locais de um centro [FeO4] [95]. O mecanismo de excitação e emissão da fotoluminescência pode ser facilmente compreendido pelo diagrama esquemático de níveis de energia de uma configuração d5 (Fig.5.8 (c)). ^{6}A1g (^{6} S) corresponde ao octaédrico com o seu primeiro estado excitado^4 T1g (^{4} G) e^6 AI (^{6} S) à coordenação tetraédrica com o seu primeiro estado excitado^4 T1. O termo de estado fundamental é o sexteto da configuração d^5 , pelo que todas as transições electrónicas são proibidas por spin. Os picos de emissão eram largos devido à dissemelhança na posse de orbitais e e t2 em ambos os estados. No entanto, as energias de transição baseiam-se no fator de campo cristalino 10 Dq, para além da variação na magnitude de 10 Dq devido a vibrações térmicas e de ponto zero e, por conseguinte, no comprimento de onda de emissão. A razão entre a intensidade do pico tetraédrico (~ 514 nm) e octaédrico (~ 719 nm) diminui com a concentração de Fe^3 +.

A Fig.2.8 (d) mostra a variação da intensidade de emissão em função dos dopantes Fe^{3+} . Observou-se que a amostra dopada com 0,1 mol% de Fe^{3+} apresenta a intensidade mais elevada da série. Acima desta concentração, a intensidade diminui devido à extinção da luminescência. A atenuação da luminescência ocorre devido à transferência de energia não radiativa, que tem lugar como resultado de uma interação de troca, reabsorção de radiação ou uma interação multipolar-multipolar. Foi necessário calcular a distância crítica (Rc), que é a separação entre o ativador (dador) e o local de extinção (aceitador). De acordo com o relatório de Blasse [96], se o doador foi substituído nos locais de íons Mg, onde C; a concentração crítica, N; o número de íons Mg na célula unitária e V; o volume, então há em média um íon ativador por (V/C·N). O Rc foi da ordem do dobro do raio de uma esfera com este volume;

$$R_c \approx 2\left[\frac{3V}{4\pi CN}\right]^{\frac{1}{3}} \qquad 2.5$$

Para o hospedeiro ZrO2, quando N = 4, C = 0,03 e V = 289,96 $Å^3$, o valor calculado de R_c

entre Fe^3 + e Fe^3 + é 16,3 Á. Uma vez que o valor de R_c foi superior a 5 Á, a interação de troca foi ineficaz e a interação multipolar torna-se o principal mecanismo de supressão da concentração de Fe^{3+} nos nanomateriais sintetizados [97]. Na interação eléctrica multipolar envolvida para a transferência de energia, existem diferentes tipos de interações, tais como dipolo-dipolo (d-d), dipolo-- quadrupolo

(d-q), interações quadrupolo-quadrupolo (q-q), etc. Por conseguinte, era necessário clarificar o tipo de interação envolvido na transferência de energia. De acordo com a teoria de Dexter, a intensidade de emissão (I) por ião ativador segue a equação seguinte [98]:

$$\frac{I}{C} = \frac{k}{1+\beta C^{Q/3}} \qquad 2.6$$

em que C; a concentração do ativador, k e β são constantes para uma determinada estrutura hospedeira para cada interação nas mesmas condições de excitação e Q é a série de multipolaridade eléctrica (d-d, d-q e q-q quando os valores de Q são 6, 8 e 10, respetivamente). O valor de Q foi de 6,56, que é próximo de 6. Por conseguinte, a interação d-d é o principal método envolvido na transição de supressão da concentração de Fe^{3+} nas NPs de ZrO_2:Fe^{3+} .

As coordenadas CIE calculadas para diferentes concentrações são mostradas na secção da Fig.2.9 (a). As coordenadas de cor percorrem uma vasta gama, desde o verde claro até à região amarela, ao variar a concentração de dopante. O resultado mostra que a afinação da cor de emissão é provável pela alteração da concentração de mol.

Os valores CCT estimados para os nanomateriais ZrO_2:Fe^{3+} (0,1-0,3 mol %) foram de 4464 K (Fig.2.9 (b)). Geralmente, um valor de CCT superior a 5000 K corresponde a uma luz branca fria aplicável à iluminação comercial e um valor inferior a 5000 K corresponde a uma luz branca quente aplicável a electrodomésticos. Assim, os valores obtidos indicam que os materiais preparados são adequados para dispositivos utilizados com luz branca quente [99].

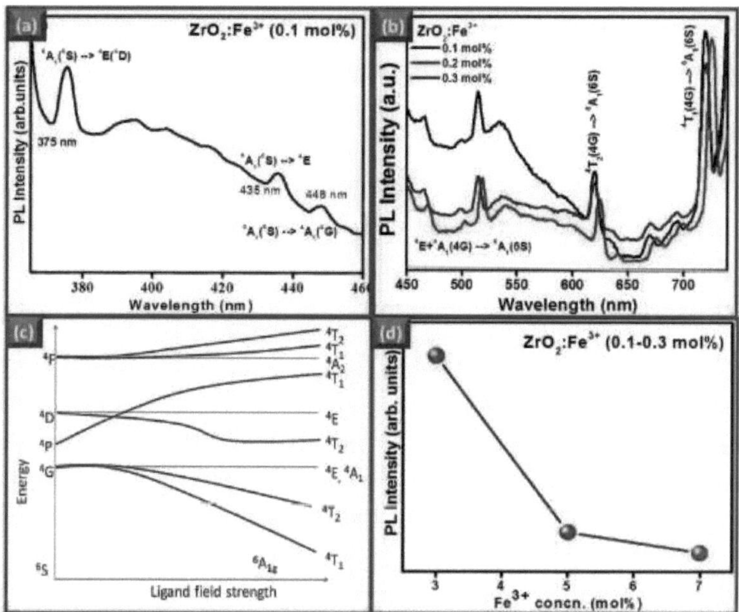

Fig.2.8 (a) excitação, (b) espetro de emissão, (c) diagrama de níveis de energia de uma configuração d5 e (d) gráficos de variação de PL de NPs de ZrO2 e $ZrO_2:Fe^{3+}$ (0,1-0,3 mol%).

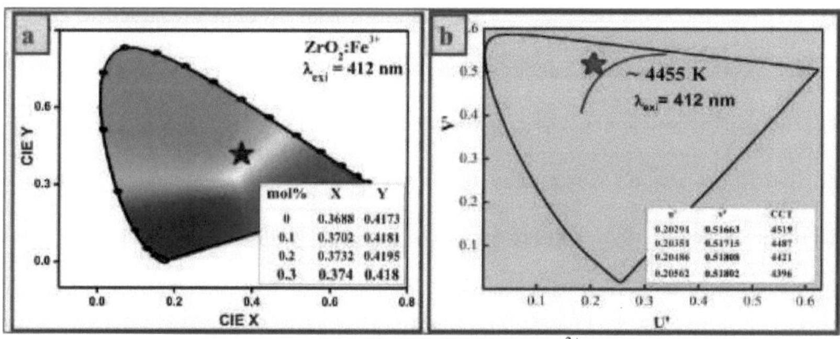

mol%	X	Y
0	0.3688	0.4173
0.1	0.3702	0.4181
0.2	0.3732	0.4195
0.3	0.374	0.418

u'	v'	CCT
0.20291	0.51663	4519
0.20351	0.51715	4487
0.20486	0.51808	4421
0.20562	0.51802	4396

Fig.2.9. (a) CIE e (b) diagrama CCT de ZrO2NPs puras e com Fe^{3+} (0,1-0,3 mol %).

2.2.7 Propriedades dieléctricas

As propriedades dieléctricas do $ZrO_2:Fe^{3+}$ (0,1-0,3 mol %) em função da frequência à temperatura ambiente foram estudadas e apresentadas na Fig.2.10. A condutividade eléctrica das amostras foi estudada numa vasta gama de frequências 5×10^1 - 5×10^5 Hz utilizando a técnica de espetroscopia de impedância complexa (CIS). Assim, os componentes reais e imaginários da impedância complexa foram estimados com os respectivos parâmetros. Os parâmetros de condutividade são calculados usando os valores de capacitância (C), impedância (Z), ângulo de fase (ψ) com base na relação dada abaixo [100].

$$\varepsilon' = \frac{dC}{A\varepsilon_0} \tag{2.7}$$

$$\varepsilon'' = \varepsilon' tan\delta \text{ or } tan\delta = \frac{\varepsilon'}{\varepsilon''} \tag{2.8}$$

$$\sigma'(\omega) = \omega\varepsilon_0\varepsilon'' \tag{2.9}$$

$$\sigma''(\omega) = \omega\varepsilon_0\varepsilon' \tag{2.10}$$

A Fig. 2.10 (a) mostra que a constante dieléctrica diminui com o aumento da frequência e atinge a saturação a uma frequência mais elevada. Isto deve-se à natureza das ferrites, que consistem em dois estados: um estado de condução forte e outro de condução fraca. Estes estados são mais fortes a frequências mais baixas, pelo que se observou uma menor troca de electrões entre o Fe^{3+} e o Fe^{2+} . A condutividade e a troca de electrões entre os estados devem-se à densidade de estados, à deslocação das cargas em relação ao campo externo.

A Fig. 2.10 (b) mostra a dependência da condutividade Ac com a frequência do campo aplicado. Considerando que a condutividade AC é fortemente dependente da frequência e também apresenta um aumento da condutividade em relação ao aumento da frequência, devido à transferência de carga entre os iões Fe. Esta variação na condutividade e na constante dieléctrica revela a presença de carga espacial nos materiais. Também a partir do gráfico podemos observar o aumento da condutividade do ZrO_2 com o aumento da concentração de Fe^{3+} .

A Fig. 2.10 (c) mostra o efeito da frequência nas propriedades eléctricas dos materiais. Os limites dos grãos e a microestrutura influenciam a impedância dos materiais, revelando a resistividade (parte real) e a reatividade (parte imaginária) do material. Fig.2.10 (d) tangente de perda (tanδ) em função da frequência. O fator de perda diminui com o aumento da frequência devido à elevada resistência a frequências mais baixas, uma vez que é necessária uma energia elevada para o movimento dos portadores de carga e menos energia na região de alta frequência devido à baixa resistência. Observa-se também uma diminuição da perda dieléctrica com o aumento da concentração de Fe^{3+}. Por conseguinte, podemos concluir que a diminuição da constante dieléctrica e da perda de tangente com o aumento da frequência se deve ao efeito de polarização [101].

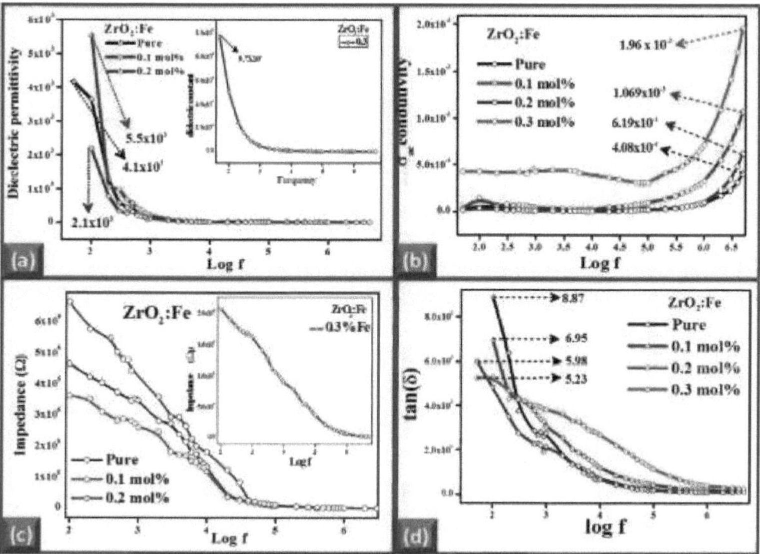

Fig.2.10 (a) Condutividade AC (b) Constante dieléctrica (c) Impedância (Z) (d) Tangente de perda (tan δ) Variação de NPs puras e de ZrO_2:Fe em função de Log f.

A espetroscopia de impedância complexa separa as partes real e imaginária da impedância e fornece informações sobre a relação estrutura-propriedade das amostras. Esta contribuição pode ser explicada utilizando as seguintes equações.

$$Z^*(\omega) = (Z' - jZ'') \quad (2.11)$$

$$\varepsilon * (\omega) = (\varepsilon' - j\varepsilon'') \quad (2.12)$$

$$\tan\delta = \frac{\varepsilon''}{\varepsilon'} = -\frac{Z'}{Z''} \quad (2.13)$$

Onde, $Z = |Z| \cos 0$, $Z' = |Z| \sin\theta$

A Fig.2.11. mostra o gráfico de Nyquist (cole-cole) de ZrO2 e ZrO2:Fe^{3+} numa gama de frequências de 5×10^1 - 5×10^5. O efeito do Fe na impedância foi claramente evidente com o aumento da concentração de Fe^{3+}. Com o aumento da concentração de Fe^{3+} observou-se um aumento da curvatura da linha em direção ao eixo Z'- o que indica a natureza pouco isolante. Até 0,2 mol %, a ausência de arco representa o mecanismo de polarização que corresponde ao efeito de massa em materiais semicondutores.

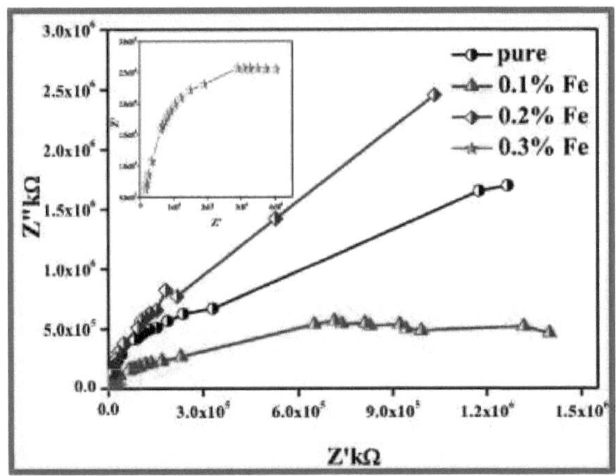

Fig.2.11. Gráfico de Nyquist (cole-cole) de ZrO2 e ZrO2: Fe NPs com a frequência.

2.3 Conclusões

O nanofósforo CeO2:Cr^{3+} (1-11 mol %) foi sintetizado por uma via sonoquímica fácil assistida por ultra-sons, utilizando o extrato de sementes de *C.A.* como surfactante. Uma estrutura cúbica de fluorite monofásica foi confirmada por estudos de PXRD. Quando a concentração de iões Cr^{3+} aumenta sem alterar quaisquer outros parâmetros experimentais, foram observadas variações significativas nos parâmetros da rede. Os estudos Raman confirmam a existência de todos os possíveis locais de defeito, vagas de oxigénio e tipo de ligações. O pico a ~ 464 cm^{-1} foi atribuído à vibração F_{2g} da estrutura cúbica do tipo fluorite e pode ser considerado como o modo de estiramento simétrico dos átomos de oxigénio em torno dos iões de cério. Um pico fraco a ~ 600 cm^{-1} foi devido ao modo ótico longitudinal não degenerado causado por um estiramento local da simetria da ligação Ce-O (R_{Ce-O}). A intensidade da emissão PL aumenta até 9 mol % com o aumento das concentrações de iões Cr^{3+} e, posteriormente, diminui devido à atenuação da concentração. Os LFPs foram visualizados utilizando nanofósforos optimizados em várias superfícies porosas e não porosas com elevado contraste e sensibilidade, sem qualquer interferência de fundo. Além disso, os fósforos preparados foram bastante funcionais para o fósforo de intervalo âmbar frio para WLEDs e aplicações forenses.

Foram fabricadas NPs de ZrO2 puras e dopadas com Fe (0,1-0,3 mol %) através do método de combustão em solução, utilizando o extrato de fruta *Tamarinda indica* como combustível. Os resultados de PXRD revelaram a fase cúbica das amostras preparadas. Também observámos a alteração do tamanho das partículas com o aumento da concentração de Fe. Os resultados Raman revelam a presença de fase tetragonal nas amostras. O intervalo de banda aumentou (2,09-3,62 eV) com o aumento da concentração de Fe^{3+} . Apresenta uma banda de excitação larga que varia entre 360 e 460 nm, que corresponde a uma luz NUV, o que significa que estes materiais são adequados para a tecnologia de iluminação. Os dados espectroscópicos mostram que o mecanismo de transferência de energia Fe^{3+} - Fe^{3+} tem lugar na matriz hospedeira de ZrO2 através de uma interação dipolo-dipolo elétrico. Verificou-se que as coordenadas CIE estão a mudar da região verde (0,3747, 0,5882) para a região amarela (0,4371 0,5368) do diagrama de cromaticidade. Verificou-se que os valores de CCT estão a diminuir de 4831 para 3782 K, o que indica que o presente $ZrO_2:Fe^{3+}$ é um material potencial para dispositivos emissores de luz branca quente. Verificou-se que a constante dieléctrica e a perda dieléctrica diminuem com o aumento da concentração de Fe^{3+} . Os valores da permissividade ε' *foram* da ordem de 104 na gama de frequências de 10^1 Hz a 10^5 Hz e diminuem para a ordem de 10^3 com a frequência. Também foi observada uma diminuição da condutividade AC com o aumento da concentração de Fe^{3+} . Os gráficos de Cole-Cole mostram a formação de arco com o aumento da concentração de Fe^{3+} , o que comprova a propriedade de interior do grão do material.

2.4 Referências

[1] T. Taniguchi, Y. Sonoda, M. Echikawa, Y. Watanabe, K. Hatakeyama, S. Ida, M. Koinuma, Y. Matsumoto, *ACS Appl. Mater. Interfaces*, 4 (2012) 1010.

[2] Shih-Yun Chen, Yi-Hsing Lu, Tzu-Wen Huang, Der-Chung Yan, Chung-Li Dong, *J. Phys. Chem. C*, 114 (2010) 19576.

[3] F. Meng, C. Zhang, Q. Bo, Q. Zhang, *Materials Letters*, 99 (2015) 5.

[4] Faisal A. Al-Agel, Esam Al-Arfaj, Ahmed A. Al-Ghamdi, Barry D. Stein, Yaroslav Losovyj, Lyudmila M. Bronstein, F.S. Shokr, Waleed E. Mahmoud, *Ceram. Int.* 41 (2015) 1115.

[5] V.C Costa, F.S Lameiras, M.V.B Pinheiro, D.F Sousa, L.A.O Nunes, Y.R Shen, K.L Bray, *J. Non-Cryst. Solids*, 273 (2000) 209.

[6] P. Jasinski, T. Suzuki, H.U. Anderson, *Sens. Actuators*, B, 95 (2003) 73.

[7] AvelinoCorma, Pedro Atienzar, Hermenegildo Garcia, Jean-Yves Chane-Ching, *Nat. Mater.* 3 (2004) 394.

[8] Charles T. Campbell, Charles H. F. Peden, *Science,* 309 (2005) 713.

[9] D. Kavyashree, R. Ananda Kumari, H. Nagabhushana, S.C. Sharma, Y.S. Vidya, K.S. Anantharaju, B. Daruka Prasad, S.C. Prashantha, K. Lingaraju, H. Rajanaik, *J. Lumin.* 167 (2015) 91.

[10] M. Ramesh, M. Anbuvannan, G. Viruthagiri, Spectrochim. *Ata, Parte A*, 136 (2015) 864.

[11] P.C. Nagajyothi, T.N. Minh An, T.V.M. Sreekanth, Jae-il Lee, Dong Joo Lee, K.D. Lee, *Mater. Lett.* 108 (2013) 160.

[12] D. Kishore, A.M. Kayastha, *Food Chem.* 134 (2012) 1650-.

[13] J. K. Chavan, S. S. Kadam, D. K. Salunkhe, Larry R. Beuchat, *C R C Critical Reviews In Food Science And Nutrition*, 25 (1987) 107.

[14] M. Venkataravanappa, H. Nagabhushana, B. Daruka Prasad, G.P. Darshan, R.B. Basavaraj, G.R. Vijayakumar, *Ultrason. Sonochem*, 34 (2017) 803.

[15] A. Arumugam, C. Karthikeyan, A.S. Haja Hameed, K. Gopinath, S. Gowri, V. Karthika, *Mater. Sci. Eng. C*, 49 (2015) 408.

[16] J. Malleshappa, H. Nagabhushana, D. Kavyashree, S.C. Prashantha, C. Shivakumara, *Spectrochim. Ata, Parte A,* 145 (2015) 63.

[17] X. Wu, Q. Liang, D. Weng, J. Fan, R. Ran, *Catal. Today,* 126 (2007) 430.

[18] F.A. Al-Agel, E. Al-Arfaj, A.A. Al-Ghamdi, Y. Losovyj, W.E. Mahmoud, J. Magn. Magn. *Mater.* 360 (2014) 73.

[19] S. Zhao, L. Zhang, P. Gao, Z. Shao, *Food Chem.* 114 (2009) 869.

[20] G.P. Darshan, H.B. Premkumar, H. Nagabhushana, S.C. Sharma, B. Daruka Prasad, S.C. Prashantha, R.B. Basavaraj, *J. Alloys Compd.*, 686 (2016) 577.

[21] G.P. Darshan, H.B. Premkumar, H. Nagabhushana, S.C. Sharma, S.C. Prashantha, B. Daruka Prasad, *J. Colloid Interface Sci.* 464 (2016) 206.

[22] G.P. Darshan, H.B. Premkumar, H. Nagabhushana, S.C. Sharma, S.C. Prashantha, H.P. Nagaswarupa, B. Daruka Prasad, *Dyes Pigm.* 131 (2016) 268.

[23] H. Nagabhushana, R.B. Basavaraj, B. Daruka Prasad, S.C. Sharma, H.B. Premkumar, Udayabhanu, G.R. Vijayakumar, *J. Alloys Compd.*, 669 (2016) 232.

[24] R.B Basavaraj, H. Nagabhushana, G.P. Darshan, B. Daruka Prasad, S.C.Sharma, K.N. Venkatachalaiah, *J. Ind. Eng. Chem.* (2017) http://dx.doi.org/10.1016/j.jiec.2017.02.019.

[25] M. Dhanalakshmi, H. Nagabhushana, G.P. Darshan, R.B. Basavaraj, B. Daruka Prasad, *J.Sci.:Adv.Mater.Devices,(*2017)http://dx.doi.org/10.1016/j.jsamd.2017.02.004.

[26] M. Saif, MagdyShebl, A.I. Nabeel, R. Shokry, H. Hafez, A. Mbarek, K. Damak, R. Maalej, M.S.A. Abdel-Mottaleb, *Sens. Actuators B*, 220 (2015) 162.

[27] S.K. Alla, K.K. Devarakonda, E.V.P. Komarala, R.K. Mandal, N.K. Prasad, *Mater. Des.* 114 (2017) 584.

[28] M. Nakayama, M. Martin, Phys. *Chem. Chem. Phys*. 11 (2009) 3241.

[29] P. Singh, M.S. Hegde, J. Gopalakrishnan, *Chem. Mater*. 20 (2008) 7268.

[30] R.B. Basavaraj, H. Nagabhushana, B. Daruka Prasad, S.C. Sharma, K.N. Venkatachalaiah, *J. Alloys Compd*. 690 (2017) 730.

[31] P. Fornasiero, A. Speghini, R.D. Monte, M. Bettinelli, J. Kaspar , A. Bigotto , V. Sergo, M. Graziani, *Chem. Mater*. 16 (2004) 1938.

[32] B. Daruka Prasad, H. Nagabhushana, K. Thyagharajan, B.M. Nagabhushana, D.M. Jnaneshwara, S.C. Sharma, C. Shivakumara, N.O. Gopal, Shyue-Chu Ke, R.P.S. Chakradhar, *J. Alloys Compd.* 590 (2014) 184.

[33] R.B. Basavaraj, H. Nagabhushana, B. Daruka Prasad, G.R. Vijayakumar, *Ultrason. Sonochem.* 34 (2017) 700.

[34] T. R. Lakshmeesha, M. K. Sateesh, B. Daruka Prasad, S. C. Sharma, D. Kavyashree, M. Chandrasekhar, H. Nagabhushana, *Cryst. Growth Des*. 14 (2014) 4068.

[35] H. Li, G. Wang, F. Zhang, Y.Cai, Y. Wang, I. Djerdj, *RSC Adv. 2* (2012) 12413.

[36] L.R Shah, B. Ali, H. Zhu, W.G. Wang, Y.Q. Song, H.W. Zhang, S.I. Shah, J.Q. Xiao, *J. Phys: Condens. Matter*, 21 (2009) 1.

[37] S. Dutta, S. Som, J. Priya, S.K. Sharma, *Solid State Sci*. 18 (2013) 114.

[38] X. Liu, K. Zhou, L. Wang, B. Wang, Y. Li, J. *Am. Chem. Soc.* 131(2009) 3140.

[39] G. Ciatto, A. Di Trolio, E. Fonda, P. Alippi, A. M. Testa A.A. Bonapasta, *Phys. Rev. Lett.* 107, 127206-127205.

[40] J. Tauc, em: F. Abeles (Ed.), Optical Properties of Solids, North-Holland, *Amesterdão,* (1970) 277.

[41] B. Choudhury, A. Choudhury, Curr. *Appl Phys.* 13 (2013) 217.

[42] G.P. Ojha, B. Pant, S.J. Park, M. Park, H.Y. Kim, *J. Colloid Interface Sci.* 494 (2017) 338.

[43] Ramachandra Naik, S.C. Prashantha, H. Nagabhushana, S.C. Sharma, H.P. Nagaswarupa, K.M. Girish, *J. Alloys Compd.* 682 (2016) 815.

[44] B.M. Manohara, H. Nagabhushana, K. Thyagarajan, B. Daruka Prasad, S.C. Prashantha, S.C. Sharma, B.M. Nagabhushana, *J. Lumin. 161* (2015) 247.

[45] J. Malleshappa, H. Nagabhushana, S.C. Sharma, D.V. Sunitha, N. Dhananjaya, C. Shivakumara, B.M. Nagabhushana, *J. Alloys Compd.* 590 (2014) 131.

[46] B.S. Ravikumar, H. Nagabhushana, S.C. Sharma, Y.S. Vidya, K.S. Anantharaju, Spectrochim. *Ata, Parte A,* 136 (2015) 1027.

[47] M.L. Dos Santos, R.C. Lima, C.S. Riccardi, R.L. Tranquilin, P.R. Bueno, J.A. Varela, E. Longo, *Mater. Lett.* 62 (2008) 4509.

[48] Vijay Singh, R.P.S. Chakradhar, J.L. Rao, Ho-Young Kwak, *Solid State Sci.* 11 (2009) 870.

[49] M. Venkataravanappa, H. Nagabhushana, B. Daruka Prasad, G.P. Darshan, R.B. Basavaraj, G.R. Vijayakumar, *Ultrason. Sonochem.* 34 (2017) 803.

[50] D. Dvoranova, V. Brezova, M. Mazur, M.A. Malati, *Appl. Catal.* B, 37 (2002) 91.

[51] E.Zych, A. Meijerink, C. de Mello Donega, J. Phys: *Condens. Matter*, 15 (2003) 5145.

[52] J.Houa, X. Yin, F. Huang, W. Jiang, *Mater. Res. Bull.* 47 (2012) 1295.

[53] P.B. Devaraja, D.N. Avadhani, H. Nagabhushana, S.C. Prashantha, S.C. Sharma, B.M. Nagabhushana, H.P. Nagaswarupa, B. Daruka Prasad, *Mater. Charact.* 97 (2014) 27.

[54] J. Malleshappa, H. Nagabhushana, S.C. Prashantha, S.C. Sharma, N. Dhananjaya, C. Shivakumara, B.M. Nagabhushana, *J. Alloys Compd.* 612 (2014) 425.

[55] H.B. Premkumar, B.S. Ravikumar, D.V. Sunitha, H. Nagabhushana, S.C. Sharma, M.B. Savitha, S. Mohandas Bhat, B.M. Nagabhushana, R.P.S. Chakradhar, *Spectrochim. Ata, Parte A*, 115 (2013) 234.

[56] T. Justel, H. Nikol, C. Ronda, Angew.Chem. Int. Ed. 37 (1998) 3084.

[57] S. Nakamura, T. Mukai, M. Senoh, Appl. Phys. Lett. 64 (1994) 1687.

[58] J.S. Kim, P.E. Jeon, J.C. Choi, H.L. Park, S.I. Mho, G.C. Kim, Appl. Phys. Lett. 84 (2004) 2931.

[59] M.S. Shur, R. Zukauskas, Proc. IEEE 93 (2005) 1691.

[60] L.H. Brixner, Mater. Res. Bull. 9 (1974) 1041.

[61] A. Zhang, M. Li, G. Zhou, S. Wang, Y. Zhou, J. Phys. Chem. Solids 67 (2006)2430-2434.

[62] Y.P. Tong, P.P. Xue, F.F. Jian, L.D. Lu, X. Wang, X.J. Vang, Mater. Sci. Eng. B 150(2008) 194-199.

[63] K.E. Sickafus, L. Minervini, R.W. Grimes, J.A. Valdez, M. Ishimaru, F. Li, K.J.McClellan, T. Hartmann, Science 289 (2000) 748-751.

[64] K.J. Moreno, M.A. Guevara, A.F. Fuentes, J. Solid State Chem. 179 (2006)928-934.

[65] R. Vassen, X. Cao, F. Tietz, D. Basu, D. Stöver, J. Am. Ceram. Soc. 83 (2000)2023-2028.

[66] I. Freris, P. Riello, F. Enrichi, D. Cristofori, A. Benedetti, Opt. Mater. 33 (2011)1745-1752.

[67] D. Prakashbabu, R.H. Krishna, B.M. Nagabhushana, H. Nagabhushana, C. Shiv-akumara, R.P.S. Chakradar, H.B. Ramalingam, S.C. Sharma, R. Chandramohan, Spectrochim. Ata A 122 (2014) 216-222.

[68] Z.Q. Ye, M.Q. Tan, G.L. Wang, J.L. Yuan, J. Fluoresc. 15 (2005) 499-505.

[69] F. Ramos-Brito, C. Alejo-Armenta, M. García-Hipólito, E. Camarillo, J. Hernández,S. Murrieta, C. Falcony, Opt. Mater. 30 (2008) 1840-1847.

[70] H. Zhang, Z. An, F. Li, Q. Tang, K. Lu, W. Li, J. Alloy. Compd. 464 (2008) 569-574.

[71] L. Lerot, F. Legrand, P. Debruycker, J. Mater. Sci. 26 (1991) 2353-2358.

[72] O. VanCantfort, B. Michaux, R. Pirard, J.P. Pirard, A.J. Lecloux, J. Sol-Gel Sci.Technol. 8 (1997)207-211.

[73] B.W. Yan, C.V. McNeff, P.W. Carr, A.V. McCormick, J. Am. Ceram. Soc. 88 (2005)707713.

[74] J. Widoniak, S. Eiden-Assmann, G. Maret, Eur. J. Inorg. Chem. (2005) 3149-3155.

[75] C. Zhang, C. Li, J. Yang, Z. Cheng, Z. Hou, Y. Fan, J. Lin, Langmuir 25 (2009) 7078-7083.

[76] A. Parmaa, I. Freris, P. Riello, F. Enrichi, D. Cristofori, A. Benedetti, J. Lumin. 130(2010) 2429-2436.

[77] S.F. Wang, F. Gu, M.K. Lu, W.G. Zou, S.W. Liu, G.J. Zhou, D. Xu, D.R. Yuan, Opt.Mater. 27 (2004) 269-272.

[78] Z.W. Quan, L.S. Wang, J. Lin, Mater. Res. Bull. 40 (2005) 810-820.

[79] T.H. Guo, Y. Liu, Y.C. Zhang, M. Zhang, Mater. Lett. 65 (2011) 639-641.

[80] Y.C. Zhang, X. Wu, X.Y. Hu, R. Guo, J. Cryst. Growth 280 (2005) 250-254.

[81] Y. Ang, G.P. Feng, T.X. Wang, Mater. Lett. 64 (2010) 1647-1649.

[82] H. Bai, X. Liu, Mater. Lett. 64 (2010) 341-343.

[83] Y.S. Vidya, K.S. Anantharaju, H. Nagabhushana, S.C. Sharma, H.P. Nagaswarupa,S.C. Prashantha, S.C. Danithkumar, Danithkumar, Spectrochim. Ata A 135(2015) 241-251.

[84] G.P. Darshan, H.B. Premkumar, H. Nagabhushana, S.C. Sharma, B. Daruka Prasad, S.C. Prashantha, R.B. Basavaraj, J. Alloys Compd. 686 (2016) 577 - 587.

[85] R.B. Basavaraj, H. Nagabhushana, G.P. Darshan, B. Daruka Prasad, S.C. Sharma, K.N. Venkatachalaiah, J. Ind. Eng. Chem. 51 (2017) 90-105.

[86] R.B. Basavaraj, H. Nagabhushana, B. Daruka Prasad, S.C. Sharma, K.N. Venkatachalaiah, J. Alloys Compd. 690 (2017) 730-740.

[87] N.H. Deepthi, R.B. Basavaraj, S.C. Sharma, J. Revathi, Ramani, S. Sreenivasa, H. Nagabhushana, J. Sci: Adv. Mater. Devices, 3 (2018) 18-28.

[88] D. Prakashbabu, R.H. Krishna, B.M. Nagabhushana, H. Nagabhushana, C. Shivakumara, R.P.S. Chakradar, H.B. Ramalingam, S.C. Sharma, R. Chandramohan, Spectrochim. Ata A 122 (2014) 216-222.

[89] R. Harikrishna, B.M. Nagabhushana, H. Nagabhushana, R.P.S. Chakradhar, R.Sivaramakrishna, C. Shivakumara, T. Thomas, J. Alloy. Compd. 585 (2014)129-137.

[90] M. Dhanalakshmi, R. B. Basavaraj, G. P. Darshan, S. C. Sharma, H. Nagabhushana, Microchem. J. 145 (2019) 226-234.

[91] L. Kurpaska, J. Favergeon, J-L. Grosseau-Poussard, L. Lahoche, G. Moulin, Appl. Surf. Sci. 385 (2016) 106-112.

[92] Nimai Pathak, Santosh K. Gupta, Kaushik Sanyal, Mithlesh Kumar, R.M. Kadam, V. Natarajan, Dalton Trans. 43 (2014) 9313-9323.

[93] N.T. Melamed, F. de, S. Barros, P.J. Viccaro, J.O. Artman, Phys. Rev. B: Solid State 5 (1972) 3377-3387.

[94] G.T. Pott, B.D. McNicol, A fosforescência de iões Fe^{3+} em γ-alumina, Chem. Phys. Lett. 6 (1970) 623-625.

[95] T. Abritta, F. de S. Barros, J. Lumin. 33 (1985) 141-146.

[96] G. Blasse, A. Bril, Appl. Phys. Lett. 11 (1967) 53-55.

[97] Vinod Kumar, S. Som, Vijay Kumar, Vinay Kumar, O.M. Ntwaeaborwa, E. Coetsee, H.C. Swart, Chem. Eng. 255 (2014) 541-552.

[98] Vinod Kumar, H.C. Swart, Mukut Gohain, Vijay Kumar, S. Som, B.C.B. Bezuindenhoudt, O.M. Ntwaeaborwa, Ultrason. Sonochem. 21 (2014) 1549-1556.

[99] J.C. De Mello, H.F. Wittmann, R.H. Friend, Adva. Mater. 9 (1997) 230-232.

[100] Kaiqiang Zhang, Sang-Shik Park, Tecnologia de Superfícies e Revestimentos, 342 (2018) 159-166.

[101] Mayora Varshney, Aditya Sharma, Keun Hwa Chae, Shalendra Kumar, Sung Ok Won, Journal of Physics and Chemistry of Solids, 119 (2018) 242-250.

Printed by Books on Demand GmbH, Norderstedt / Germany